U0349079

北京市草地资源清查

北京市畜牧业环境监测站
北京天创金农科技有限公司 编

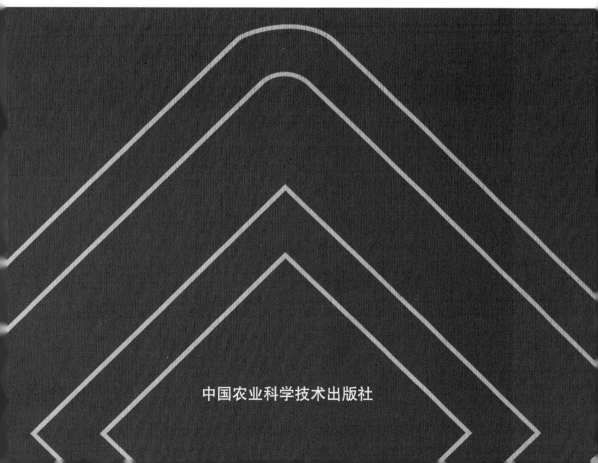

中国农业科学技术出版社

图书在版编目（CIP）数据

北京市草地资源清查 / 北京市畜牧业环境监测站，北京天创金农科技有限公司编.—北京：中国农业科学技术出版社，2019.11

ISBN 978-7-5116-4524-1

Ⅰ.①北… Ⅱ.①北… ②北… Ⅲ.草地资源—资源调查—北京 Ⅳ.①S812

中国版本图书馆 CIP 数据核字（2019）第 261301 号

责任编辑　陶　莲
责任校对　李向荣

出 版 者　中国农业科学技术出版社
　　　　　北京市中关村南大街12号　　邮编：100081
电　　话　（010）82109705（编辑室）　（010）82109704（发行部）
　　　　　（010）82109709（读者服务部）
传　　真　（010）82106625
网　　址　http: // www.castp.cn
经 销 者　各地新华书店
印 刷 者　北京建宏印刷有限公司
开　　本　710mm×1 000mm　1/16
印　　张　7.375
字　　数　140千字
版　　次　2019年11月第1版　　2019年11月第1次印刷
定　　价　128.00元

◄━━━ 版权所有·翻印必究 ━━━►

《北京市草地资源清查》

编辑委员会

组　　长：马丽英

副 组 长：张毅良　张加勇

成　　员：张保延　王有月　支树立　直俊强　吴迪梅

　　　　　张丽丽　张卓毅　石　奥　张建淼

技术顾问：董永平　毛培胜

编　写　组

主　　编：支树立

副 主 编：王有月　潘志强

编写人员（以姓氏笔画为序）：

　　　　　王有月　王重庆　支树立　尹晓飞　石　奥

　　　　　刘　明　刘　凯　李延隆　杨　超　张卓毅

　　　　　张丽丽　赵宇文　潘志强

　　草地资源是人类生存和发展的基本生态资源，在维护生态平衡、保护人类生存环境方面，具有其他资源不可替代的重要地位和作用。草地资源对北京地区在防风固沙、保持水土、维持生物多样性等方面生态服务作用更加明显。

　　因此，摸清本市草地资源、生态和利用状况，提高草地精细化管理水平，不仅是贯彻"创新、协调、绿色、开放、共享"的五大发展理念，更是全面深化草原生态文明体制改革、推进生态文明建设和建设首都宜居城市的重要举措。

　　北京市以全国首批草地资源清查省份为契机，市农业局于2017年9月5日印发《北京市2017年草地资源清查工作实施方案的通知》（京农发〔2017〕190号）文件，成立草地资源清查工作领导小组，在各区农业主管部门和第三方专业技术部门积极配合下，摸清了自20世纪80年代以来未做统计的"草原家底"，高质量及时完成了本市草地资源清查工作。

　　同时，首次利用地面定位系统（GPS）和遥感信息系统（RS）、地理信息系统（GIS）、数据库等信息化先进技术、红外盖度等地面采集设备，天地结合（遥感与地面调查相结合）的手段，客观、规范、快速、全覆盖地获取草地资源实体分布、数量、质量、生态及利用状况等信息，为下一步落实国家各项草原保护建设政策、严格依法治草和全面深化草原生态文明体制改革提供基础数据支撑。

　　此次草地资源清查工作的圆满完成，不仅填补了本市近30余年草地资源未有统计数据的空白，也开创了应用信息化技术手段勘测草地资源的先例。

2019年5月

北京市草地资源基础数据自20世纪80年代农业资源普查后，经历了三十余年的发展，草地资源无论从数量还是质量方面，都发生了很大变化，始终处于非稳定状态。通过此次工作的开展，摸清了本市草地资源状况、生态状况和利用状况等方面的本底资料。

本书主要阐述了草地资源清查的背景、意义，开展项目研究的思路、方法、内容、创新点，对草地资源利用的限制因素和发展趋势进行了总结分析。

其主要工作内容：

一是综合历史草地资源调查资料、国土二调草地相关地类图件、20世纪80年代草地资源调查图件，补充图件中未划入确知的草地地块，在高分辨率遥感影像支持下进一步细化，按照《草地资源调查技术规程》进行图斑（地块）勾绘，制作出以区为单位的清查工作底图及外业调查线路方案；

二是以工作底图为基础，参照《草地资源调查技术规程》开展样地样方调查，掌握草地类型、超载率等情况；开展清查统计、上图勾绘，摸清草地承包、基本草原等情况，形成外业调查数据和上图矢量数据；

三是完成本市外业调查数据、工作底图、结合中低分辨率遥感影像，开展内业汇总，包括进行图斑的草地类型、退化等级划分，估算可食牧草产量并进行草地分级，统计不同权属草地面积，制作专题图等，建立本市草地资源数据库。

为保障本市草地资源清查工作质量，组织全市草地资源清查技术培训，特聘请农业农村部、中国农业科学院草原研究所等部门的专家、教授就草地资源清查及相关技术问题进行专题讲解和现场操作演示。

此次本市草地资源清查工作，一是得到市农业局领导及主管部门为草地资源清查工作提供了有效的组织支持，并为草地资源清查工作的顺利完成提供了有力的资金保障；二是得到市勘察设计与地理信息办、市测绘院为其提供北京市遥感形象数据和第一次全国地理国情普查数据，以便顺利完成草地内业上图处理等后续工作；三是得到河北省草原监理部门的协助，实现京津冀一体化完成草原生物量的计算，解决了草原生物量计算中，由于本市面积小，样点相对不足的问题；

四是依托北京天创金农科技有限公司专业技术团队开展清查统计、样地样方调查、上图勾绘、数据汇总分析等方面的工作。并在外业调查中使用了本公司自主开发的红外光谱植被覆盖度测量仪、草地资源清查平板终端APP、草地资源清查工具箱，极大提高了外业调查的工作效率和数据的精准度，为草地清查工作的顺利完成提供了技术保障。在此一并致以感谢。

由于编者水平有限，在编写的过程中，如有偏差和错误之处，敬请批评指正。

编　者

二〇一八年七月五日

1 北京市草地资源的分布特点与重要性

1.1　北京市草地资源调查与类型划分

　　北京市继20世纪80年代开展草地资源普查和90年代初草地数据更新之后，分别于1996年和2006年底相继开展了第一次、第二次全国农业普查，草地主要是针对以生长草本植物为主、用于畜牧业的土地进行统计，称为"牧草地面积"。这两次普查未对草地资源进行全面统计。北京市草地资源经历了三十余年发展，无论从数量还是质量方面，都发生了很大变化，始终处于非稳定状态。

　　为落实习近平总书记关于加快推进生态文明建设提出的一系列的新理念、新思想、新战略，农业农村部办公厅下发了《全国草地资源清查总体工作方案》，方案中指出全国草地资源清查依托各省（自治区、直辖市）人民政府落实中央生态文明体制改革的部署安排和草原常规监测工作，采取国家指导、地方组织，自上而下和自下而上相结合的方式进行。方案中要求各省（自治区、直辖市）草原行政主管部门对辖内草地资源清查工作负总责，各省（自治区、直辖市）草原监理部门和草原技术推广部门应全力配合草原行政主管部门做好清查各项工作。

　　随后北京对全市的草地资源清查工作进行总体部署，以20世纪80年代北京市第一次草地资源调查、北京市第二次土地调查、北京市第一次地理国情调查成果数据为基础，结合应用地面调查和卫星遥感技术，快速准确掌握北京市草地资源数量、质量、类型及其空间分布，分析其变化情况，编制《北京市草地资源清查报告》和成果图件，建立北京市草地资源数据库，实现全市草地图斑的边界、类型及资源、生态、利用状况等信息的数字化管理，具体包括草地类型、面积、产草量、退化程度、质量等级等，编制出北京市（1：10万）、区（1：5万）系列

1

草地类型分布图、草地质量分级图、草地等级划分图等专题图，全面摸清北京市草原面积分布、类型等级、利用现状、生态状况等基础信息，提高草原精细化管理水平，明确草原管理范围，为推进生态文明建设、有效保护和永续利用草地资源提供信息基础、监测预警和决策支持。

根据全国农业区划委员会、农业部、国家林业局、国家土地管理局商定，全国首次统一草地资源调查所涉及的草地包括：植被总覆盖度>5%的各类天然草地，以牧为主的树木郁闭度<0.3的疏林草地和灌丛郁闭度<0.4的疏灌丛草地；弃耕还牧持续撂荒时间>5年的次生草地，以及实施改良措施的改良草地和人工草地；还包括沼泽地、苇地、沿海滩涂；植被总覆盖度>5%的高寒荒漠、苔原、盐碱地、沙地、石砾地；还包括林地范畴中的五年未更新的伐林迹地或火烧迹地、造林未成林地；还包括耕地范围中的宽度>1~2 m的田埂、堤坝（南方宽>1 m，北方宽>2 m）；还包括属于居民点、工矿、交通用地、风景旅游区、国防用地、村庄周围、道路两侧以多年生草本植物为主的各种空闲地。

根据国内最新发布的行业标准《草地分类》（NY/T 2997—2016），草地，指地被植物以草本或半灌木为主，或兼有灌木和稀疏乔木，植被覆盖度大于5%，或乔木郁闭度小于0.1，或灌木覆盖度小于40%的土地，以及其他用于放牧和割草的土地。该标准将草地划分为天然草地和人工草地两类，天然草地指优势种为自然生长形成，且自然生长植物生物量和覆盖度占比大于等于50%的草地；人工草地指优势种由人为栽培形成，且自然生长植物的生物量和覆盖度占比小于50%的草地，人工草地包括改良草地和栽培草地。改良草地指通过补播改良形成的草地，栽培草地指通过退耕还草、人工种草、饲草饲料基地建设等方式形成的草地。

天然草地的类型采用类、型二级划分。

第一级：类—草地成因一致，反映以水、热为中心的气候因素和植被型或亚型特征，具有一定地带性或反映大范围内的生境条件的隐域性特征。各草地类之间或经济特性上具有质的差异。草地类分为温性草原、高寒草原、温性荒漠、高寒荒漠、暖性灌草丛、热性灌草丛、低地草甸、山地草甸、高寒草甸。

第二级：型—以草地主要层片的优势种植物的异同来划分。

优势种为自然生长形成，且自然生长植物生物量和覆盖度占比大于等于50%的草地划分为天然草地。

草地型代表常年（20年以上）气候条件下草地植被演替阶段。干旱、雪灾等气象灾害以及鼠虫害等造成的草地变化，作为草地型退化（沙化）等状态，不改变草地型。

型的命名以健康状况下多年生优势植物为主，毒害草、一年生植物、退化指示植物不参与型的命名。

1.2　北京市草地资源分布与利用

20世纪80年代初全国第一次草地资源普查结果显示，北京市天然草地534万亩，其中可利用面积为446万亩（15亩=1hm²，全书同），天然草地占全市土地面积的21%。

90年代初北京市农业资源区划办调查结果显示，本市天然草地面积为392.484 1万亩，可利用面积337.000 9万亩。由于受大范围水热条件影响，具有地带性气候特征的草地类为暖性灌草丛类，其中暖性灌草丛类面积为389.421 4万亩，可利用面积334.185 5万亩，约占全市草地可利用面积99.16%，是全市天然草地的主体，其分布遍及7个山区县。受隐域性水热条件控制而形成的山地草甸类草地面积为3.062 7万亩，可利用面积2.811 5万亩，且分布范围很小，仅见于门头沟区、房山区和延庆区，在海拔1 600 m以上的山顶及缓坡阳面，如灵山、百花山、海坨山、白草畔、黄草梁等山峰顶部。除以上主要两类天然草地外，还有少量的农田、林间隙地等草地。

继20世纪80年代北京市草地资源普查和90年代初草地数据更新之后，分别于1996年和2006年底相继开展了第一次、第二次全国农业普查。这两次普查未对草地资源进行全面统计，主要是针对以生长草本植物为主、用于畜牧业的土地进行统计，称为"牧草地面积"。北京市第一次农业普查资料显示，1996年全市牧草地面积共6.310 5万亩，其中平原0.466 5万亩，丘陵1.657 5万亩，山区4.186 5万亩。

第二次全国农业普查中对北京市牧草地面积进行了更为详尽的统计，主要的数据（数据来源：《北京市第二次全国农业普查资料汇编》）如表1-1～表1-3所示。

表1-1　北京市牧草地面积统计　　　　　　　　　　　　（单位：亩）

地区	合计	天然草地	改良草地	人工草地
合计	41 386	27 368	542	13 476
朝阳区	—	—	—	—
丰台区	5 760	5 650	—	110
石景山区	—	—	—	—
海淀区	2 390	—	—	2 390

（续表）

地区	合计	天然草地	改良草地	人工草地
门头沟区	18 486	18 336	—	150
房山区	3 408	3 200	—	208
通州区	2 654	1	—	2 653
顺义区	3 697	7	140	3 550
昌平区	728	94	—	634
大兴区	3 133	—	—	3 133
怀柔区	132	80	2	50
平谷区	272	—	—	272
密云县	726	—	400	326
延庆县	—	—	—	—

表1-2 北京市按地势牧草地面积统计 （单位：亩）

指标	合计	天然草地	改良草地	人工草地
平原	18 416	5 658	140	12 618
丘陵	1 100	49	400	651
山区	21 870	21 661	2	207

表1-3 北京市各区县退耕还林还草面积统计 （单位：亩）

地区	天然草地	改良草地	人工草地
合计	475 172	474 593	579
朝阳区	—	—	—
丰台区	—	—	—
石景山区	—	—	—
海淀区	—	—	—
门头沟区	44 631	44 582	49
房山区	77 656	77 586	70

（续表）

地区	天然草地	改良草地	人工草地
通州区	11	11	—
顺义区	19	19	—
昌平区	46 835	46 809	26
大兴区	7	7	—
怀柔区	54 662	54 575	87
平谷区	63 208	63 156	51
密云县	111 562	111 377	186
延庆县	76 581	76 471	110

1.3 草地资源保护与利用的重要性

1.3.1 生态价值

从北京市天然草地的分布来看，暖性灌草丛类和山地草甸类草地均分布于北京市西部、西北部、北部的山区，而低地草甸类草地分布于水库湖泊、河流等河流泛滥、潜水溢出等地区，为加快推进首都的生态保护与修复，构筑生态安全屏障、筑牢绿水青山的宏观决策和管理提供了科学依据，对支撑市政府确立的山区生态涵养农业圈（生态涵养发展区）等战略实施，促进绿色发展，建设生态文明和美丽中国，应对气候变化等具有重大意义。

草地蕴含着宝贵的生态资源，首都的碧水、蓝天、净土离不开草地资源。有效进行天然草地资源的保护建设、人工草地的建植，不仅具有增加植被覆盖、减少水土流失、改良土壤、净化空气、美化环境和维护生物多样性等多重功能，还肩负着新时期首都生态文明建设和建设美丽宜居城市的重任，是首都绿色生态屏障建设和生态安全维护的重要组成部分。

1.3.2 景观价值

草地资源贯穿于园林景观之间，是形成旅游景观文化的重要组成部分之一。各类草地植被与其他山林丘陵、滩川平地、水体道路、建筑物构成美丽迷人的景观体系，是旅游资源的主体。

1.3.3　经济价值

北京市天然草地资源分布的规模面积和草地类型虽少，但由于北京山区地形地貌较为复杂，从西南到东北绵亘近200 km，海拔高差变化大，水、土、光、温、湿等条件各异，形成了多层次生物圈，动植物资源种类繁多。

在北京市的草地资源中，除天然饲用植物外，还分布有丰富的药用植物、纤维植物、蜜源植物、淀粉植物、饮品和酿造植物、芳香植物、花卉、观赏植物、草坪绿化植物、防风固沙植物等。草地还出产蘑菇、发菜等名贵食用、药用菌等生物资源，又可以提升休闲农业和乡村旅游价值。

1.3.4　科学价值

草地种质资源是生物多样性的重要组成部分，是国家重要的战略资源。北京市草地是一些特有植物的生存地、野生动物栖息地和觅食地，生态系统多样性保护地、基因的良好保存地和自然保护区。北京市草地资源蕴藏着我们已知的、未知的种质资源和基因资源。随着人们对草地资源的认识不断深化，技术手段的提高，越来越显示出草原对生物多样性保护的能力和贡献，从而成为进一步挖掘基因资源的基础。

1.3.5　文化教育价值

北京市草地资源经过多年的发展，蕴含着"人与自然和谐发展"的理念。城市乡村形成了一定的自然与人文一体的景观环境。将草地与园林景观相结合种植的方式方法，彰显出天人合一的巨大智慧，传递着和谐共生的价值理念。相继开展的绿化工程、退耕还草、退牧还草、环京津风沙源治理等多项草原生态建设工程，使北京市的生态环境得到明显改善。草地资源的合理保护建设在保护环境、稳定生态等方面得到了传承和发展。

2 北京市草地资源清查内容与方法

2.1 草地资源清查目的与意义

随着国家生态文明建设宏伟蓝图的实施，政府对草原保护建设力度正在逐步加大，草原基础信息的作用日益重要，组织开展草地资源清查，全面掌握草原资源本底数据，分析评价草原资源和生态现状，可为今后科学制定草原保护建设方案提供科学依据；为落实基本草原保护、草畜平衡等草原保护制度，完成草原承包并确权登记，加强草原资源管理夯实基础；为促进各项草原保护建设工程顺利实施提供信息保障。开展草原资源清查工作是贯彻中央精神、全面深化改革、夯实推进草原生态文明体制改革基础的必要举措，是落实中央关于"全面开展公共资源清查"和"推进全民所有自然资源资产清查核算"的必然要求，同时也是新时期生态文明建设的应有之义和建设首都美丽宜居城市的必然选择。

2017年农业部下发《关于切实做好2017年草原保护建设重点工作的通知》和《全国草地资源清查总体工作方案》。指出2017年是全面深化草原生态文明体制改革的关键一年，也是落实草原保护建设"十三五"规划的重要一年。草原工作要认真贯彻落实中央关于生态文明建设和农业供给侧结构性改革的决策部署，遵循"创新、协调、绿色、开放、共享"的发展理念，坚持"生产生态有机结合、生态优先"的基本方针，牢固树立保护为先、预防为主、制度管控和底线思维，进一步推进草原生态保护建设，促进草牧业发展。

其目的就是要了解掌握我国草地资源状况、生态状况和利用状况等方面的本底资料，提高草原精细化管理水平，为落实强牧惠牧政策、严格依法治草和全面深化草原生态文明体制改革提供数据支撑。

2.2　草地资源清查内容

农业部办公厅下发的《全国草地资源清查总体工作方案》附件1中"草地资源清查主要指标及技术规范"里明确了此次草地清查的具体内容，主要包括以下的三个部分：

● 草地资源状况清查。依据《草地分类》《草地资源调查技术规范》，以清查工作底图为基础，外业调查结合遥感解译判读，经清查并上图确认统计草地资源总面积；对草地类型进行归并、整合，确认各草地类、草地型的分布并统计面积；以地面调查和遥感技术相结合的方法测算产草量，参照相关技术规程对图斑进行草地质量分级，并统计各级草地面积，进而在草地等、草地级的基础上进行归并整合，汇总成草地等级信息。

● 草地生态状况清查。依照《全国草原综合植被盖度监测技术规程》测算各区、市的草原综合植被覆盖度，并上图确认，统计分析各市区植被盖度情况，依据《天然草地退化、沙化、盐渍化的分级指标》，外业调查结合遥感反演手段确定退化情况，上图确认，分析，统计不同退化程度草地面积。

● 草地利用状况清查。依据《国务院关于全国所有自然资源资产有偿使用制度改革的指导意见》《中共中央办公厅 国务院办公厅关于划定并严守生态保护红线的若干意见》等相关文件经过内外业清查，统计基本草原、生态保护区域的草原、草原功能区、草原承包等区域内草地面积，经内外业清查统计，入户调查统计掌握草畜平衡情况。

2.3　草地资源清查技术要求

2.3.1　草地资源清查方法

草地资源清查是在草原、国土、测绘等部门历史调查资料基础上，以遥感、地理信息系统、数据库等信息化手段为主，结合地面调查、入户访问等手段，客观、规范、快速、全覆盖地获取草地资源实体分布、数量质量、生态及利用状况信息。

清查技术方案有坚实的理论基础，经过充分的酝酿、研讨、筛选和总结，考虑了不同区域的特点，选择了必需的技术手段，采用的方法经过多年大量实践检验，完全能够满足清查需求。主要涉及的技术方法如下：

● 遥感、地理信息系统技术。自然资源管理从数量管控转向实体管控，要实施多规合一、一张蓝图干到底，各种空间、地类不重不漏。蓝图中草原有多少、在哪儿、好与坏要明确，遥感技术能够快速获取地面物体波谱信息（一般用图像表现），地理信息系统实现对空间实体的信息管理与关系分析，二者能够高效结合。

● 地面调查技术。地面调查与入户访问是获取草地第一手数据的根本手段，是建立遥感分析样本的必需步骤，天地结合（遥感与地面调查相结合）是各类土地资源调查的通行手段。

● 数据库技术。土地管理、自然资源资产管理都需要定期掌握资源状况，海量空间信息必须依靠数据库技术进行管理。数据库技术也是信息化的基础技术，草地资源清查、草地信息管理与服务都离不开数据库技术。

2.3.2 草地资源清查技术流程

北京市草地资源清查技术流程是以《全国草地资源清查总体工作方案》《草地资源清查技术规程》《北京市草地资源清查工作实施方案》和农业部几次培训PPT稿件等资料为基础技术依据，结合北京市草地资源清查具体工作实际编制。

清查技术流程主要分为底图制作、外业调查和内业汇总三个环节（图2-1）。

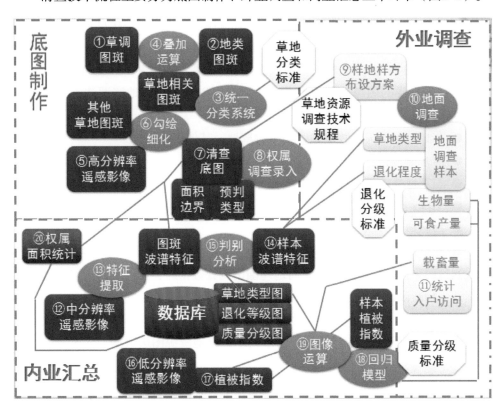

图2-1 草地资源清查流程

底图制作：综合最近一次草地资源调查图件和国土部门等草地相关地类图件，补充图件中未划入确知的草地地块，在高分辨率遥感影像支持下进一步细化，形成清查工作底图。

外业调查：以工作底图为基础，按照《草地资源调查技术规程》制定样地、样方布置方案，确定组织方式、调查时间等，统筹开展外业调查。

内业汇总：结合底图、中低分辨率遥感影像、地面调查样本，进行图斑的草地类型、退化等级划分，估算可食产量并进行草地质量分级，统计不同权属草地面积，制作专题图等。

2.3.3 草地资源清查关键点

2.3.3.1 矢量数据

需要准备的基础数据主要包括最近一次的草地资源清查图件、国土部门的土地利用图件、国家测绘局地理国情调查数据以及省、市、区、乡镇四级的行政区划数据作为确定草地行政权属的辅助数据也是不可或缺，其余的权属数据例如基本草原、生态红线、开发区等图件同样需要搜集整理。

为保证草地资源清查结果的统一性、规范性，应将最近一次草地资源调查分类系统归并到《草地分类》行业标准，形成新的草地类型。

国土部门的土地利用图件是基于国土二调成果，逐年更新形成的。土地利用图件中以下地类的图斑与草地资源有关联，可以在此次草地资源清查中采用或参照。

- 草地：包括天然牧草地、人工牧草地、其他草地；
- 灌木林地；
- 与草地邻接的有林地：有些地方可能把宜林地划入有林地；
- 沼泽；
- 盐碱地；
- 与草地邻接的耕地：有可能把牧区饲草料地、已垦草原划分为耕地。

同样的采用或参考国家测绘局地理国情调查数据时，需要关注天然草地、人工草地、稀疏灌丛、灌木林、荒漠、沼泽等与草地资源相关的地类。

基础数据经过整理分析之后就可以通过空间运算把所有草地相关的图斑建立起来，保留原始图中所有的界线，形成初步的草地资源图斑数据。

2.3.3.2 影像数据

按照《草地资源调查技术规程》要求统一获取或购置用于草地资源调查的遥

感DOM，最大限度地保证遥感DOM的技术一致性。

影像波段数应≥3个，至少有1个近红外植被反射峰波段和1个可见光波段。

人口稀少区域原始影像空间分辨率应≤15 m；其他区域空间分辨率单色波段应≤5 m，多光谱波段应≤10 m。融合影像的空间分辨率不能小于单色波段空间分辨率。

原始影像的获取时间应在近5年内，宜选择草地植物生长盛期获取的影像。

影像相邻景之间应有4%以上的重叠，特殊情况下不少于2%；无明显噪声、斑点和坏线；云、非常年积雪覆盖量应小于10%；侧视角在平原地区不超过25°，山区不超过20°。

遥感DOM的几何纠正（配准）和正射纠正后地物平面位置误差、影像拼接误差应满足表2-1要求。正射纠正中使用的DEM（Digital Elevation Model，数字高程模型）比例尺不能小于调查比例尺的0.5倍，空间分辨率不能大于遥感DOM空间分辨率的5倍（表2-1）。

表2-1 遥感DOM地物平面位置误差和影像拼接误差

遥感DOM空间分辨率（m）	平地、丘陵地（m）	山地、高山地（m）
≤5	5	10
≤10	10	20
≤15	15	30

2.3.3.3 解译标志

解译标志是遥感图像上能反映和判别地物或现象的影像特征，是解译者在对目标地物各种解译要素综合分析的基础上，结合成像时间、季节、图像的种类、比例尺等多种因素整理出来的目标地物在图像上的综合特征。

在遥感影像上，不同的地物有不同的特征，这些影像特征是判读识别各种地物的依据，这些都称为判读或解译标志。

解译标志包括直接和间接解译标志。

直接判读标志：形状、大小、颜色和色调、阴影、位置、图案、纹理、立体外貌等

间接判读标志：水系、地貌、土质、植被、气候、人文活动

由于我们获取的基础数据只包括了草地相关的地类，所以其中并不包括建筑物、水体、耕地、道路等地类，所以在解译草地时着重区分林地、绿化用地等容

易和草地混淆的地类。

2.3.3.4　波谱分析

通过遥感解译的方法解译草地类型及判定草地退化等级时，由于各类草地在遥感影像上往往颜色纹理都很相近，同时还存在同谱异物、同物异谱的情况，所以在某些地块或区域的判读上就不是准确的，针对这种情况我们可以使用光谱分析的方法进行草地类型、退化等级等属性信息判定，而且还可以通过增加变量的方式来提高判别精度。

提取地面调查样本点对应的遥感影像的波谱特征，汇总统计后形成不同草地类型、退化等级的波谱特征；提取图斑所在空间范围内遥感影像的波谱特征，如均值、方差等作为解译的量化标志；对照地面调查样本不同类型、不同退化程度的波谱特征，判别各图斑的草地类型和退化、沙化等级；判别难度较大的区域可添加坡度、坡向、海拔等指标作为判别分析变量。

2.3.3.5　中分辨率遥感影像准备

下载最近5年内6—8月的lanset8遥感影像，尽量取同一时段的影像，避免不同景影像之间光谱出现较大偏差，进行正射纠正、大气校正、裁切，镶嵌，投影等处理，然后和图斑勾绘时使用的高分辨率影像配准，保证各数据位置统一。

2.3.3.6　提取地面调查样本波谱特征

地面调查样本与遥感影像结合的基础在于其波谱特征，即样本波谱特征与样本的植被、土壤等特征有很大的相关性。

①把所有样地作为点的集合与遥感影像建立空间关联，每个调查样地可以提取一组波谱特征。

②在ArcGIS中用Extraction命令中Extract by Points工具可提取影像的波谱特征。

③提取与草地易混淆的其他地类样地波谱特征。

④提取各草地型、不同退化等级波谱特征。每个草地型的波谱特征可由多个样地的波谱特征平均得到；同理，一个草地型中，各退化等级的波谱特征也可由多个样地平均得到。

⑤样本波谱特征汇总统计后可形成不同草地型、不同退化等级的波谱特征。

2.3.3.7　提取图斑波谱特征

①提取图斑所在空间范围的遥感影像各波段数值及其特征，相当于图斑的量化解译标志，是图斑属性判别的基础。

②用Zonal Statistics空间分析工具，可统计每个图斑的波谱特征，一般包括

影像各波段的均值、方差等。

③提取图斑波谱特征的同时，还可提取基于数字高程模型（DEM）运算的海拔高度、坡度、坡向等信息，能在判别分析时结合使用。

2.3.3.8 判别分析

对照地面调查样本不同草地类型、不同退化程度的波谱特征，判别每个图斑的草地类型、退化程度。

①判别分析（Discriminate Analysis）可以将数据导出后使用SPSS等软件进行分析。

②判别分析前可以用方差分析方法，筛选出波谱特征有较大差异显著性的指标。

③先判别草地类与草地型，然后判别退化程度。

④也可以用遥感影像监督分类方法完成，即地面调查样本作为分类的标准样本。

⑤可以在波谱特征基础上增加降水量、积温、海拔高度、坡度、坡向等指标，增加判别分析信息量。

2.3.3.9 草地类型归并与整合

按照《草原分类》（NY/T 2997—2016）中的标准对北京市草地类型进行归并整合（表2-2）。

表2-2 《草地分类》（NY/T 2997—2016）与全国第一次草地资源调查草地类对照

序号	本标准	草地一调
1	温性草原类	温性草甸草原类
		温性草原类
		温性荒漠草原类
2	高寒草原类	高寒草甸草原类
		高寒草原类
		高寒荒漠草原类
3	温性荒漠类	温性草原化荒漠类
		温性荒漠类
4	高寒荒漠类	高寒荒漠类

（续表）

序号	本标准	草地一调
5	暖性灌草丛类	暖性草丛类
		暖性灌草丛类
6	热性灌草丛类	热性草丛类
		热性灌草丛类
		干热稀树灌草丛类
7	低地草甸类	低地草甸类
		沼泽类
8	山地草甸类	山地草甸类
9	高寒草甸类	高寒草甸类

2.3.3.10　草原退化、沙化、盐渍化的调查

根据草原遥感调查的方法，参照《天然草地退化、沙化、盐渍化的分级指标》（GB 19377—2003）草原遥感调查的判读方法。

草地资源清查中退化草地的评定，主要以草地植被的植物群落特征，群落植物组成结构，指示植物，地上部分产草量，地表特征变化为参考依据。具体工作中，在整理分析野外实地考察记录的基础上，以植被、土壤、地表侵蚀情况等野外记录、访问调查、有关资料为依据，结合遥感影像的图版颜色、色彩、纹理以及草地类型、地理位置、分布的地形，海拔高度等条件进行综合推理判断确定。

①未退化草地：以样地附近相同水热条件或草地自然保护区中合理利用示范区相同草地类型的植被特征与地表、土壤状况为基准。附近没有草地自然保护区，或没有与需要评定是否退化的相同草地类型时，用最近草地资源调查所获被监测地区相同草地类型中的未退化草地的植被特征与地表、土壤状况为基准。

②退化草地：以样地及周围草地出现退化草地指示植物，或草地优势植物种类、产量明显减少，杂类草的数量、产量增多，或原有群落面积缩小；毒害草及牲畜不可食杂草数量、盖度加大、产量增多；以及草地地表秃斑、裸地、鼠洞多少等作为依据。下面即为退化分级国家标准的必须监测指标和各类草原的主要退化指示植物。

2.3.3.11 遥感估算产草量

草地地上产草量是草本植物产量及木本植物当年嫩枝叶产量的总和，是衡量草地生态情况的一个重要指标。草地产草量可由草地最高生物量加上之前已利用的部分计算得到，而草地最高生物量与归一化植被指数NDVI有着极为显著的关系。

在本项目中，对每一种草原类型，通过在地面样本的最高地上生物量与遥感影像提取的植被指数之间建立数学模型，比较线性和指数模型的效果，最终确定适合于特定草地的数学模型，推广到全市范围内，从而推算北京市该类型任意一点（像元）的最高地上生物量，实现整个北京市草地最高生物量的估算，进而估算出产草量。图2-2即为此次草地资源清查中建立的估产模型。

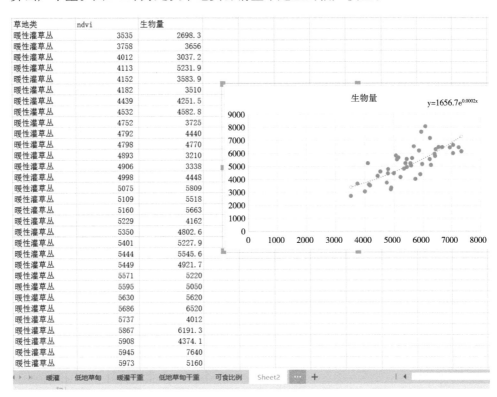

图2-2 估产模型

其中：

y为草地最高地上生物量；

x为归一化植被指数NDVI值；

利用ERDAS软件Modeler模块，输入各草原类型的估产模型，计算NDVI图像上每个像元最高地上生物量，形成最高地上生物量图像。年度产草量是草地生产牧草的总量，可用生长高峰期的地上生物量加上之前已利用部分（牲畜已采食量和已打草量）近似计算。

2.3.3.12 草原等级划分归并

草原等级综合评定指标是在草原等和草原级评定的基础上，对草原等和草原级进行叠加组合，共组合为40个不同草原等级；在40个草原等级叠加组合的基础上，将草原5等归并为优质、中质、劣质，草原8级再归并为高产、中产、低产，草原等级综合评定指标归并为9类，按产量优先排序如表2-3所示。

表2-3 草原等级划分标准

草原等级	划分标准
优质高产	优等和良等牧草占总产量≥60%，可食牧草产量≥3 000 kg/hm²
中质高产	良等牧草及低等牧草以上占总产量≥60%，可食牧草产量≥3 000 kg/hm²
劣质高产	劣等牧草占总产量≥40%，可食牧草产量≥3 000 kg/hm²
优质中产	优等和良等牧草占总产量≥60%，500≤可食牧草产量<3 000 kg/hm²
中质中产	良等牧草及低等牧草以上占总产量≥60%，500≤可食牧草产量<3 000 kg/hm²
劣质中产	劣等牧草占总产量≥40%，500≤可食牧草产量<3 000 kg/hm²
优质低产	优等和良等牧草占总产量≥60%，可食牧草产量<500 kg/hm²
中质低产	良等牧草及低等牧草以上占总产量≥60%，可食牧草产量<500 kg/hm²
劣质低产	劣等牧草占总产量≥40%，可食牧草产量<500 kg/hm²

草原5等，草原8级归并依据如表2-4所示。

表2-4 草原等级归并依据

等级组合 1级		高产		中产				低产	
		2级	3级	4级	5级	6级	7级	8级	
优质	Ⅰ 等	Ⅰ1	Ⅰ2	Ⅰ3	Ⅰ4	Ⅰ5	Ⅰ6	Ⅰ7	Ⅰ8
	Ⅱ 等	Ⅱ1	Ⅱ2	Ⅱ3	Ⅱ4	Ⅱ5	Ⅱ6	Ⅱ7	Ⅱ8
中质	Ⅲ 等	Ⅲ1	Ⅲ2	Ⅲ3	Ⅲ4	Ⅲ5	Ⅲ6	Ⅲ7	Ⅲ8
	Ⅳ 等	Ⅳ1	Ⅳ2	Ⅳ3	Ⅳ4	Ⅳ5	Ⅳ6	Ⅳ7	Ⅳ8
劣质	Ⅴ 等	Ⅴ1	Ⅴ2	Ⅴ3	Ⅴ4	Ⅴ5	Ⅴ6	Ⅴ7	Ⅴ8

把草原等级归并为9类，草原综合评定指标如表2-5所示。

表2-5 草原等级综合评定指标

等级组合	高产	中产	低产
优质	高产优质	中产优质	低产优质
中质	高产中质	中产中质	低产中质
劣质	高产劣质	中产劣质	低产劣质

2.3.3.13 植被覆盖度模型

植被覆盖度作为草地植被生长状况的直观量化指标，是草地生态环境监测中最常用的监测指标之一。植被覆盖度数据获取的方式主要通过实地测量和遥感测定两种方法，由于实地测量在时间和经费上花费都比较大，并且只能在很小的尺度范围内提供植被结构和分布状况的变化信息，局限性较大，这些缺点使遥感技术成为区域草地退化监测与评价的主要手段。截至目前，利用遥感技术对天然草地进行监测、评估以及管理决策的国内外研究已有很多，但对草地植被覆盖度的研究主要集中在利用NOAA/AVHRR、MODIS等中低分辨率数据计算归一化植被指数（NDVI）来估测草地植被覆盖度，进而监测草地植被状况。

此次北京市草地资源清查MODIS 30 m分辨率NDVI数据，通过建立像元二分模型，来计算北京市草地资源植被覆盖度。

采用像元二分法，使用经几何校正、大气校正的MODIS影像数据，利用归一化植被指数（NDVI）近似估算植被覆盖度，建立植被覆盖度估算模型，模型如下：

VFC=（NDVI-NDVIsoil）/（NDVIveg-NDVIsoil）

其中：

NDVIsoil为裸土或无植被覆盖区域的NDVI值；

NDVIveg为完全植被覆盖的像元的NDVI值。

3 草地资源清查组织与实施

3.1 数据与资料收集

为切实做好北京市草地资源清查工作，前期准备阶段，我们收集并认真学习项目相关指导文件，积极协调收集整理项目相关支撑数据。

（1）高分辨率遥感影像数据（tif或者img）。

覆盖范围：北京市全区域

2015—2016年覆盖全市的DOM遥感影像，空间分辨率2 m。

（2）中分辨率遥感影像数据（tif或者img）/Lansat8数据。

覆盖范围：北京市全区域

2017年7—9月的Landsat8的7个多光谱波段及全色波段影像数据。

（3）低分辨率遥感影像数据（tif或者img）/modis数据。

覆盖范围：北京市全区域

MODIS遥感影像数据，影像拍摄时间为2017年8—9月。

（4）北京市行政区划图（区县、乡镇）（shp文件）。

（5）第二次国土调查部分数据（北京市全域）（表3-1）。

表3-1　第二次国土调查部分数据（北京市全域）

全国土地利用现状分类（部分）			
一级		二级	
编码	名称	编码	名称
01	耕地	011	水田
		012	水浇地
		013	旱地
03	林地	031	有林地
		032	灌木林地
		033	其他林地
04	草地	041	天然牧草地
		042	人工牧草地
		043	其他草地
12	其他土地	124	盐碱地
		125	沼泽地
		126	沙地
		127	裸地

（6）第一次地理国情普查部分数据（北京市全域）（表3-2）。

表3-2　第一次地理国情普查部分数据（北京市全域）

地理国情普查内容与指标（部分）			
代码	一级	二级	三级
0300	林地		
0310		乔木类	
0311			阔叶林
0312			针叶林

（续表）

地理国情普查内容与指标（部分）			
代码	一级	二级	三级
0313			针阔混交林
0320		灌木林	
0321			阔叶灌木林
0322			针叶灌木林
0323			针阔混交灌木林
0330		乔灌混合林	
0340		竹林	
0350		疏林	
0360		绿化林地	
0370		人工幼林	
0380		稀疏灌丛	
0400	草地		
0410		天然草地	
0411			高覆盖度草地
0412			中覆盖度草地
0413			低覆盖度草地
0420		人工草地	
0421			牧草地
0422			绿化草地
0423			固沙灌草
0424			护坡灌草
0425			其他人工草地
0429	荒漠与裸露地表		

（续表）

地理国情普查内容与指标（部分）			
代码	一级	二级	三级
0910		盐碱地表	
0920		泥土地表	
0930		沙质地表	
0940		砾石地表	
0950		岩石地表	
1134			湿地保护区
1135			沼泽区

3.2 草地资源分布底图制作

根据北京市20世纪80年代草地资源调查数据、第二次国土调查数据（表3-1）和第一次地理国情普查数据（表3-2），在高分辨率遥感影像支持下进一步细化，补充图件中未划入确知的草地地块，形成清查工作底图。

其中修正图斑边界是勾绘细化图斑的核心工作，针对现有基础图斑数据，主要进行以下的处理。

（1）删除非草地图斑，如明显的林地、耕地、建筑物及道路周边绿化用地等图斑（表3-3）。

（2）对运算后图斑界线不准确的进行修正，小块需要合并的进行合并，合并是需要先选中待合并的地块；大块需要切割的按照地物界线进行裁剪。

（3）确知为草地、现有图斑中没有划入的，勾绘加入图斑。

（4）大面积连片草地为单个图斑，难以划分草地类型、退化等级的，勾绘细化，按照在遥感DOM上可明显识别的河流、山脊线、山麓、道路、围栏等将大图斑分割为多个小图斑。

（5）相邻地物之间分界明显的，直接采用目视判别的界线勾绘图斑；地物界线不明显的，根据解译标志区分地物，勾绘图斑边界。

表3-3 需删除的地块类型

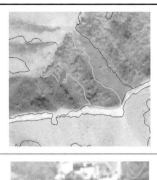 林地

 耕地

 建筑物

 绿化用地

3.3 草地资源外业调查

3.3.1 样点布设

根据《草地资源清查技术规程》样地布设原则，在外业清查底图上进行样点布设。

以下摘自《草地资源清查技术规程》

● 设置样地的图斑既要覆盖生态与生产上有重要价值、面积较大、分布广泛的区域，反映主要草地类型随水热条件变化的趋势与规律，也要兼顾具有特殊经济价值的草地类型，空间分布上尽可能均匀。

● 样地应设置在图斑（整片草地）的中心地带，避免杂有其他地物。选定的观测区域应有较好代表性、一致性，面积不应小于图斑面积的20%。

● 不同程度退化、沙化和石漠化的草地上可分别设置样地。

● 利用方式及利用强度有明显差异的同类型草地，可分别设置样地。

● 调查中出现疑难问题的图斑，需要补充布设样地。

样地数量

● 预判的不同草地类型，每个类型至少设置1个样地；

● 预判相同草地类型图斑的影像特征如有明显差异，应分别布设样地；预

判草地类型相同、影像特征相似的图斑，按照这些图斑的平均面积大小布设样地，数量根据表3-4确定。

表3-4　预判相同草地类型、影像相似图斑布设样地数量要求

预判草地类型相同、影像特征相似图斑的 平均面积（hm^2）	布设样地数量要求
>10 000	每10 000 hm^2设置1个样地
2 000 ~ 10 000	每2个图斑至少设置1个样地
400 ~ 2 000	每4个图斑至少设置1个样地
100 ~ 400	每8个图斑至少设置1个样地
15 ~ 100	每15个图斑至少设置1个样地
3.75 ~ 15	每20个图斑至少设置1个样地

● 开展外业调查工作，每组一般由5名作业人员组成，具体分工如下：
  分工1：选样地、现场调查、辨别草
  分工2：打样方（插花杆）、剪草、称重
  分工3：填表
  分工4：拍照
  分工5：司机

3.3.2　外业工具

草原野外取样工具箱主要是满足草原监测中所需要草本、灌木植株的取样、保存、携带等需要，把所有工具集中放置在一个工具箱内，方便、快捷的完成调查工作，工具箱具体配置如表3-5所示。

表3-5　草原野外取样工具箱配置

设备	规格	单位
样方框	1 m^2	只
样方框携带包	2 m	个
手摇皮尺	100 m	个

（续表）

设备	规格	单位
钢卷尺	10 m	个
枝剪	长23 cm.刀长7 cm	把
折叠军工铲	不锈钢材质	把
三防设备箱	军品	个
设备箱内衬	PVC材质	套
野外便携刀	全长21 cm.韧厚0.4 cm	把
便携医疗箱	重443 g，食品级材质	个
便携手套	纯棉纱安全手套，防静电	副
手提秤	10～25 kg，2 s立显，精度0.02 kg	台
捆绳	2 m长	条
剪刀乐扣盒	食品级乐扣小件盒	个
盖度仪	盖度测算	台
PDA（平板）	草调数据录入导出	台
GPS	定位	台
花杆	灌木测量	根
反光背心	荧光字反光	件

3.3.3　实地调查

依据《草原分类》《草地资源调查技术规程》《天然草原等级评定技术规范》《天然草地退化、沙化、盐渍化的分级指标》等相关执行标准文件，各清查小组在统一时间段，采用样地样方方法获得地类、草地类型、产草量、盖度和生态状况等样本信息。

此次北京市草地资源清查外业调查实际完成调查样地127个，外业调查样点成果如表3-6所示。

表3-6 外业调查点成果

样地编号	经度(°)	纬度(°)	地类	草地类	草地型	区县名称	乡镇名称
X11011420170001	116.328 31	40.305 18	林地			昌平区	延寿镇
N11011420170002	116.311 65	40.364 30	天然草地	山地草甸类	苔草、嵩草	昌平区	长陵镇
X11011420170003	116.260 54	40.358 01	林地			昌平区	长陵镇
N11011420170004	116.153 08	40.246 42	天然草地	暖性灌草丛	白羊草型	昌平区	南口镇
N11011420170005	116.068 74	40.271 84	天然草地	山地草甸类	苔草、嵩草	昌平区	南口镇
N11011420170006	116.051 07	40.308 65	天然草地	暖性灌草丛	具灌木的白莲蒿	昌平区	南口镇
X11011420170007	116.333 48	40.147 49	沙河机场			昌平区	百善镇
N11011120170001	116.024 38	39.807 66	天然草地	暖性灌草丛类	具荆条的黄背草	房山区	青龙湖镇
N11011120170002	116.000 02	39.761 59	天然草地	暖性灌草丛类	具灌木的苔草	房山区	青龙湖镇
N11011120170003	115.931 26	39.829 07	天然草地	暖性灌草丛类	具酸枣的白羊草	房山区	河北镇
N11011120170004	115.884 31	39.834 56	天然草地	暖性灌草丛类	具灌木的苔草	房山区	河北镇
N11011120170005	115.819 4	39.860 62	天然草地	暖性灌草丛类	具灌木的苔草	房山区	河北镇
N11011120170006	115.777 29	39.816 76	天然草地	暖性灌草丛类	具荆条的杂草暖性禾草	房山区	大安山乡
N11011120170007	115.764 49	39.838 5	天然草地	暖性灌草丛类	具灌木的黄背草	房山区	大安山乡
N11011120170008	115.725 9	39.826 52	天然草地	暖性灌草丛类	具酸枣的杂草暖性禾草	房山区	霞云岭乡
N11011120170009	115.707 97	39.878 9	天然草地	暖性灌草丛类	具荆条的黄背草	房山区	史家营乡

（续表）

样地编号	经度（°）	纬度（°）	地类	草地类	草地型	区县名称	乡镇名称
X11011120170010	115.663 02	39.851 82	林地			房山区	史家营乡
X11011120170011	115.633 06	39.839 18	林地			房山区	史家营乡
N11011120170012	115.579 922	39.811 385	天然草地	山地草甸类	苔草，蒿草	房山区	蒲洼乡
N11011120170013	115.705 75	39.782 91	天然草地	暖性灌草丛类	具荆条的苔草，暖性禾草	房山区	霞云岭乡
X11011120170014	115.796 71	39.750 6	林地			房山区	霞云岭乡
N11011120170015	115.729 96	39.761 43	天然草地	暖性灌草丛类	具灌木的苔草，	房山区	霞云岭乡
N11011120170016	115.657 9	39.733 63	天然草地	暖性灌草丛	具灌木的苔草暖性禾草	房山区	霞云岭乡
N11011120170017	115.518 23	39.783 45	天然草地	暖性灌草丛	具灌木的黄背草	房山区	蒲洼乡
N11011120170018	115.476 89	39.774 44	天然草地	暖性灌草丛	具灌木的黄背草	房山区	蒲洼乡
X11011120170019	115.478 73	39.784 64	林地			房山区	蒲洼乡
X11011120170020	115.515 43	39.766 08	林地			房山区	蒲洼乡
N11011120170021	115.689 74	39.715 7	天然草地	暖性灌木草丛	具灌木的黄背草	房山区	霞云岭乡
X11011120170022	115.586 34	39.722 17	林地			房山区	十渡镇
N11011120170023	115.767 76	39.698 58	天然草地	暖性灌木草丛	具灌木的大油花	房山区	霞云岭乡
X11011120170024	115.867 12	39.662 06	灌木林地			房山区	周口店镇
N11011120170025	115.876 73	39.651 99	天然草地	暖性灌木草丛	具灌木的白羊草	房山区	周口店镇

（续表）

样地编号	经度（°）	纬度（°）	地类	草地类	草地型	区县名称	乡镇名称
N11011120170026	115.826 31	39.641 45	天然草地	暖性灌木草丛	具灌木的暖性禾草	房山区	周口店镇
N11011120170027	115.776 00	39.595 78	天然草地	暖性灌木草丛	具灌木的白羊草	房山区	大石窝镇
N11011120170028	115.717 12	39.630 81	天然草地	暖性灌木草丛	具灌木的暖性禾草	房山区	张坊镇
N11011120170029	115.689 17	39.629 26	天然草地	暖性灌木草丛	具灌木的暖性禾草	房山区	张坊镇
N11011120170030	115.716 07	39.674 49	天然草地	暖性灌木草丛	具灌木的蓬蒿	房山区	张坊镇
X11011120170031	115.766 30	39.600 09	林地			房山区	十渡镇
N11011120170032	115.658 48	39.674 97	天然草地	暖性灌木草丛	具灌木的白羊草	房山区	十渡镇
N11011120170033	115.578 45	39.310 43	天然草地	暖性灌木草丛	具灌木的白羊草	房山区	十渡镇
N11011120170034	115.573 66	39.623 71	天然草地	暖性灌木草丛	具灌木的白羊草	房山区	九渡河
X11011120170035	115.519 31	39.665 43	林地			房山区	十渡镇
N11011120170036	115.587 03	39.675 07	天然草地	暖性灌木草丛	具灌木的白羊草	房山区	十渡镇
X11010620170001	116.151 29	39.823 38	森林公园			丰台区	
X11010820170001	116.266 48	40.066 75	耕地			海淀区	西北旺镇
X11011620170001	116.632 15	41.037 18	林地			怀柔区	喇叭沟门满族乡
X11011620170002	116.662 88	40.994 10	林地			怀柔区	喇叭沟门满族乡

（续表）

样地编号	经度（°）	纬度（°）	地类	草地类	草地型	区县名称	乡镇名称
X110116201 70003	116.660 11	40.922 20	林地			怀柔区	喇叭沟门满族乡
N110116201 70004	116.525 44	40.877 43	天然草地	山地草甸类	苔草，蒿草	怀柔区	喇叭沟门满族乡
X110116201 70005	116.653 46	40.772 88	耕地			怀柔区	汤河口镇
X110116201 70006	116.659 19	40.741 56	林地			怀柔区	汤河口镇
X110116201 70007	116.687 30	40.647 76	林地			怀柔区	汤河口镇
N110116201 70008	116.683 06	40.633 06	天然草地	山地草甸类	苔草，蒿草	怀柔区	琉璃庙镇
X110116201 70009	116.633 18	40.551 50	林地			怀柔区	琉璃庙镇
N110116201 70010	116.538 05	40.559 25	天然草地	山地草甸类	蒿草杂草	怀柔区	琉璃庙镇
X110116201 70011	116.351 14	40.485 50	林地			怀柔区	渤海镇
X110116201 70012	116.306 54	40.406 49	林地			怀柔区	九渡河镇
X110116201 70013	116.468 34	40.338 62	林地			怀柔区	九渡河镇
X110116201 70014	116.575 57	40.447 16	林地			怀柔区	渤海镇
X110116201 70015	116.557 26	40.404 63	林地			怀柔区	渤海镇
X110116201 70016	116.494 99	40.393 27	果园			怀柔区	渤海镇
N110116201 70017	116.472 47	40.335 44	天然草地	暖性灌草丛类	具灌木的黄背草	怀柔区	九渡河镇

（续表）

样地编号	经度（°）	纬度（°）	地类	草地类	草地型	区县名称	乡镇名称
N110116201170018	116.476 95	40.424 42	天然草地	暖性灌草丛类	具灌木荩草草型	怀柔区	渤海镇
N110116201170019	116.587 73	40.425 67	天然草地	暖性灌草丛类	蒿草、杂草	怀柔区	怀北镇
N110116201170020	116.602 04	40.505 17	天然草地	暖性灌草丛类	具灌木的荩草	怀柔区	琉璃庙镇
N110116201170021	116.667 88	40.665 64	天然草地	暖性灌草丛类	具灌木的荩草	怀柔区	汤河口镇
N110109201170001	116.058 43	39.917 88	天然草地	山地草甸类	苔草、蒿草	门头沟区	龙泉镇
X110109201170002	116.019 08	39.954 51	林地			门头沟区	王平镇
N110109201170003	116.049 46	40.005 53	天然草地	山地草甸类	苔草、蒿草	门头沟区	妙峰山镇
N110109201170004	115.997 66	40.074 60	天然草地	暖性灌草丛类	黄青草	门头沟区	王平镇
N110109201170005	115.990 28	40.028 30	天然草地	山地草甸类	碱蓬	门头沟区	妙峰山镇
X110109201170006	115.885 91	39.953 82	林地			门头沟区	大台街道
N110109201170007	115.470 7	39.957 45	天然草地	暖性灌草丛类	具灌木的白羊草	门头沟区	清水镇
X110109201170008	115.489 16	39.924 27	林地			门头沟区	清水镇
N110109201170009	115.537 74	39.919 21	天然草地	山地草甸类	苔草、蒿草	门头沟区	清水镇
N110109201170010	115.538 92	39.852 72	天然草地	暖性灌草丛类	具灌木的白羊草	门头沟区	清水镇
N110109201170011	115.563 78	39.907 10	天然草地	暖性灌草丛类	具灌木的白莲蒿	门头沟区	清水镇
N110109201170012	115.560 73	39.989 75	天然草地	暖性灌草丛类	黄青草	门头沟区	清水镇

（续表）

样地编号	经度（°）	纬度（°）	地类	草地类	草地型	区县名称	乡镇名称
X110109201700013	115.650 094	39.908 97	林地			门头沟区	清水镇
X110109201700014	115.686 65	39.982 42	林地			门头沟区	清水镇
N110109201700015	115.736 4	39.965 56	天然草地	山地草甸类	蒿草、杂类草	门头沟区	清水镇
X110109201700016	115.700 48	40.049 26	林地			门头沟区	斋堂镇
N110109201700017	115.752 82	40.038 49	天然草地	暖性灌草丛类	具灌木的莨草	门头沟区	雁翅镇
N110109201700018	115.750 33	40.060 09	天然草地	暖性灌草丛类	具灌木的苔草、暖性禾草	门头沟区	雁翅镇
X110109201700019	115.820 91	40.129 14	林地			门头沟区	雁翅镇
N110109201700020	115.703 4	40.120 89	天然草地	暖性灌草丛类	具灌木的白莲蒿	门头沟区	斋堂镇
N110118201700001	116.743 46	40.458 09	天然草地	低地草甸类	碱蓬、杂草型	密云区	牛盆峪村
X110118201700002	116.690 08	40.618 98	林地			密云区	冯家峪镇
N110118201700003	116.853 75	40.726 34	天然草地	山地草甸类	苔草、蒿草	密云区	番字牌乡
N110118201700004	116.974 24	40.621 71	天然草地	山地草甸类	苔草、蒿草	密云区	不老屯镇
X110118201700005	116.054 33	40.646 99	果园			密云区	不老屯镇
X110118201700006	116.609 68	40.609 68	林地			密云区	高岭镇
N110118201700007	117.198 27	40.653 66	天然草地	低地草甸类	碱蓬、杂草型	密云区	古北口镇
N110118201700008	117.216 29	40.660 80	天然草地	暖性灌草丛	具灌木的白莲蒿	密云区	紫海香

（续表）

样地编号	经度（°）	纬度（°）	地类	草地类	草地型	区县名称	乡镇名称
X110118201700009	117.432 46	40.650 98	林地			密云区	黄土粱村
X110118201700010	117.278 01	40.572 95	林地			密云区	新城子镇
N110118201700011	117.156 54	40.507 91	天然草地	低地草甸类	芦苇型	密云区	北庄
X110118201700012	116.955 43	40.298 38	建设用地			密云区	东邵渠
N110118201700013	116.969 16	40.264 17	天然草地	山地草甸类	蒿草，杂草型	密云区	东邵渠镇
X110117201700001	117.098 81	40.280 35	林地			平谷区	大华山镇
X110117201700002	117.057 07	40.322 12	林地			平谷区	大华山镇
N110117201700003	117.158 76	40.324 32	天然草地	山地草甸类	具荆条的白羊草	平谷区	镇罗营镇
N110117201700004	117.154 02	40.297 74	天然草地	山地草甸类	苔草，蒿草	平谷区	熊儿寨镇
X110117201700005	117.138 4	40.235 78	果园			平谷区	黄松峪乡
X110117201700006	117.199 18	40.239 86	果园			平谷区	山东庄镇
N110117201700007	117.213 15	40.219 22	天然草地	暖性灌草丛	具荆条的白羊草	平谷区	金海湖镇
N110117201700008	117.311 33	40.275 66	天然草地	低地草甸类	芦苇型	平谷区	金海湖镇
X110117201700009	117.312 9	40.142 35	林地			平谷区	金海湖镇
X110117201700010	117.255 45	40.128 84	果园			平谷区	南独乐河乡
N110113201700001	116.875 17	40.237 93	天然草地	暖性灌草丛类	西背草、白茅	顺义区	龙湾屯镇

（续表）

样地编号	经度（°）	纬度（°）	地类	草地类	草地型	区县名称	乡镇名称
N1101132017002	116.832 46	40.287 82	天然草地	暖性灌草丛类	具灌木的黄背草	顺义区	龙湾屯镇
X1101122017001	116.695 16	39.803 95	机关单位			通州区	牛堡屯镇
N1101192017001	115.804 51	40.458 35	天然草地	暖性灌草丛类	具灌木的莠草	延庆区	张山营镇
N1101192017002	115.768 41	40.465 15	天然草地	暖性灌草丛类	具灌木的大油芒	延庆区	张山营镇
N1101192017003	115.746 5	40.533 60	天然草地	暖性灌草丛类	蒿草 杂类草	延庆区	张山营镇
N1101192017004	115.850 67	40.489 81	天然草地	暖性灌草丛类	具灌木的白羊草	延庆区	张山营镇
N1101192017005	115.891 16	40.547 20	天然草地	山地草甸类	苔草 杂草类	延庆区	张山营镇
N1101192017006	115.926 82	40.519 282	天然草地	暖性灌草丛类	具灌木的白羊草	延庆区	张山营镇
N1101192017007	116.048 75	40.585 85	天然草地	暖性灌草丛类	具灌木的白羊草	延庆区	旧县镇
X1101192017008	116.241 59	40.710 59	耕地			延庆区	千家店镇
X1101192017009	116.320 41	40.741 90	林地			延庆区	千家店镇
X1101192017010	116.463 67	40.735 60	耕地			延庆区	千家店镇
X1101192017011	116.334 47	40.626 00	林地			延庆区	千家店镇
X1101192017012	116.329 54	40.571 92	林地 耕地			延庆区	四海镇
X1101192017013	116.197 72	40.447 24	林地			延庆区	永宁镇
N1101192017014	115.934 1	40.317 06	天然草地	山地草甸类	苔草、蒿草	延庆区	八达岭镇

外业调查样方和工作照如图3-1~图3-10所示。

图3-1　外业调查灌木大样方（1）

图3-2　外业调查灌木大样方（2）

图3-3　外业调查灌木大样方（3）

图3-4　外业调查灌木大样方（4）

图3-5　外业调查灌木大样方（5）

图3-6　外业调查1 m×1 m草本小样方（1）　　图3-7　外业调查1 m×1 m草本小样方（2）

图3-8　外业调查1 m×1 m草本小样方（3）　　图3-9　外业调查1 m×1 m草本小样方（4）

图3-10　外业调查1 m×1 m草本小样方（5）

3.4　草地资源调查内业

外业调查完成之后即开展内业汇总工作，以《草地资源调查技术规程》等相关标准为依据，根据外业调查样本数据，遥感影像对各类草地资源相关指标属性信息进行清查上图，统计分析等相关工作。

3.4.1　属性上图

3.4.1.1　外业数据处理

将外业调查点坐标和属性录入EXCEL表格中，然后在ArcGIS中转换成点shp点文件。

（1）外业坐标转点。在ArcGIS中点击 ✚ 弹出add data窗口，选择外业数据EXCEL表，双击选择工作簿，add把点数据加载到ArcGIS工程中（图3-11）。

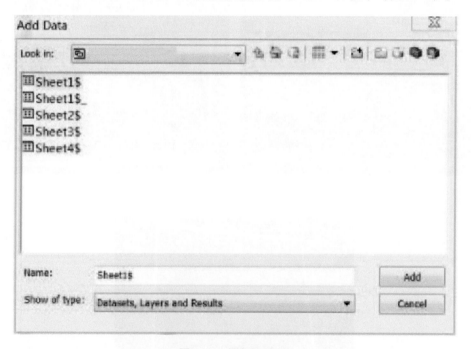

图3-11　添加EXCEL

左边table of contents窗口中右击我们加载进来的工作簿，点击Display XY Data，弹出窗口（图3-12）。

图3-12　显示坐标点数据

如图3-13设置好XY坐标字段，点击Edit选择如图坐标系（外业调查中使用WGS84坐标，二者保持一致）。

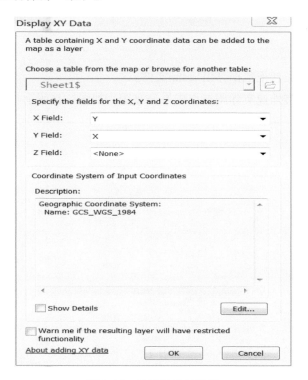

图3-13　字段及坐标设置

点击ok，EXCEL以点事件加载到ArcGIS中了，如图3-14所示。

图3-14　点事件

点事件上右击导出成点shp文件（图3-15）。

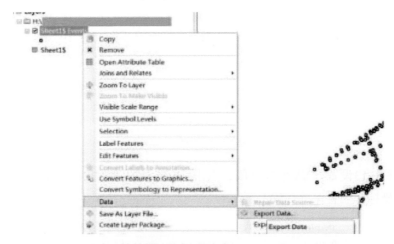

图3-15　导出点shp

设置保存路径，把数据导出成shp文件。

下图为北京市外业实际调查点成果分布图，如图3-16所示。

图3-16　北京市外业实地调查点分布

（2）转投影。因外业调查获取坐标为WGS84坐标系，而项目要求数据统一为西安80坐标系，就需要把点shp转成西安80坐标系，可使用ArcGIS数据管理工具/投影和变化/要素/投影工具（图3-17）。

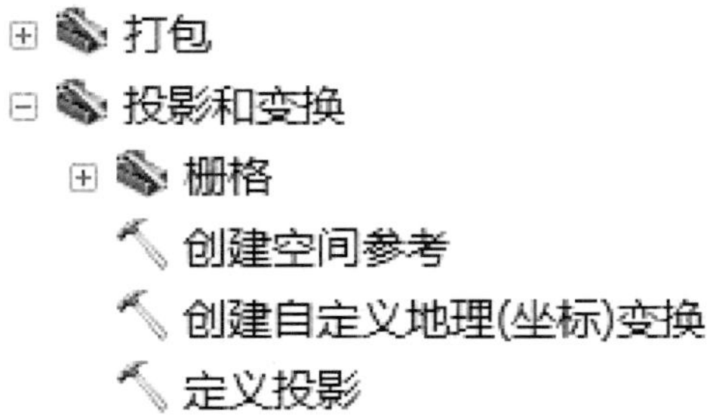

⊞ 🡒 打包
⊟ 🡒 投影和变换
　　⊞ 🡒 栅格
　　🔨 创建空间参考
　　🔨 创建自定义地理(坐标)变换
　　🔨 定义投影

图3-17　矢量转投影工具

3.4.1.2　图斑属性上图

提取地面调查样本对应的遥感影像的波谱特征，汇总统计后形成不同草地类型、退化等级的波谱特征；提取图斑所在空间范围内遥感影像的波谱特征，如均值、方差等作为解译的量化标志；对照地面调查样本不同类型、不同退化程度的波谱特征，判别各图斑的草地类型和退化等级；判别难度较大的区域可添加坡度、坡向、海拔等指标作为判别分析变量。

（1）中分辨率遥感影像准备。下载最近5年内6—8月的lanset8遥感影像，尽量取同一时段的影像，避免不同景影像之间光谱出现较大偏差，然后转换成西安80坐标系，并和图斑勾绘时使用的高分辨率影像配准。

（2）提取地面调查样本波谱特征。地面调查样本与遥感影像结合的基础在于其波谱特征，即样本波谱特征与样本的植被、土壤等特征有很大的相关性。

①把所有样地作为点的集合与遥感影像建立空间关联，每个调查样地可以提取一组波谱特征。

②ArcGIS用Extraction命令中Extract by Points工具可提取影像的波谱特征。

③提取与草地易混淆的其他地类样地波谱特征。

④提取各草地型、不同退化等级波谱特征。每个草地型的波谱特征可由多个样地的波谱特征平均得到；同理，一个草地型中，各退化等级的波谱特征也可由多个样地平均得到。

⑤样本波谱特征汇总统计后可形成不同草地型、不同退化等级的波谱特征。

（3）提取图斑波谱特征。

①提取图斑所在空间范围的遥感影像各波段数值及其特征，相当于图斑的量

化解译标志，是图斑属性判别的基础。

②用Zonal Statistics空间分析工具，可统计每个图斑的波谱特征，一般包括影像各波段的均值、方差等。

③提取图斑波谱特征的同时，还可提取基于数字高程模型（DEM）运算的海拔高度、坡度、坡向等信息，能在判别分析时结合使用。

（4）判别分析。对照地面调查样本不同草地类型、不同退化程度的波谱特征，判别每个图斑的草地类型、退化程度。

①判别分析（Discriminate Analysis）可以将数据导出后使用SPSS等软件进行分析。

②判别分析前可以用方差分析方法，筛选出波谱特征有较大差异显著性指标。

③先判别草地类与草地型，然后判别退化程度。

④也可以用遥感影像监督分类方法完成，即地面调查样本作为分类的标样本。

⑤可以在波谱特征基础上增加降水量、积温、海拔高度、坡度、坡向等指标，增加判别分析信息量。

3.4.2 产量估算

草原生产力遥感估算流程如图3-18所示。

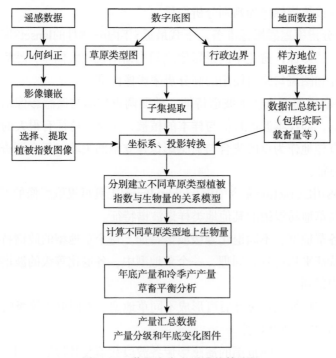

图3-18 草原生产力遥感估算流程

3.4.2.1 提取NDVI

（1）MODIS影像获取。下载250KM的MODIS 8 d合成的地表反射率影像或者16 d合成的NDVI影像，尽可能选取近几年的，生物生长茂盛的月份为宜，具体时间以目标区域所处位置确定。可在下列网站下载MODIS影像

http://www.gscloud.cn/空间地理数据云

http://glovis.usgs.gov美国地质调查局（USGS）

https://ladsweb.modaps.eosdis.nasa.gov美国航空航天局（NASA）

（2）生成NDVI影像。

①通过MRT软件完成拼接和投影转换，同时从影像中提取NDVI。

②MRT功能可以对MODIS数据进行批处理；把MODIS影象重新投影到更为标准的地图投影；可以选择影像中的空间子集和波段子集进行投影转换。

（3）提取样本的植被指数。

①在ArcGIS软件中加载外业点shp和NDVI影像。

②使用Arctoolbox→Spatial Analyst tools→Extraction→Extract Values to Points工具把各点对应的NDVI值提取到shp的属性表中（图3-19）。

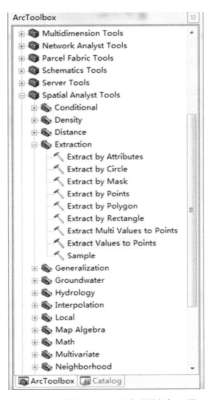

图3-19　提取NDVI到点属性表工具

③打开输出的Shapefile文件，选中图层点击鼠标右键，选Open Attributes Table，打开属性表（图3-20）。

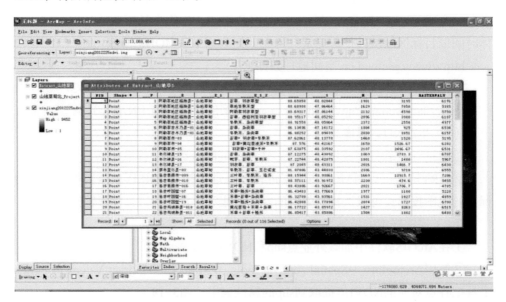

图3-20　提取NDVI后点属性表

④table option→export，导出属性表，数据格式选择.dbf格式。用EXCEL打开，另存为后缀为.xls或.xlsx的文件（图3-21）。

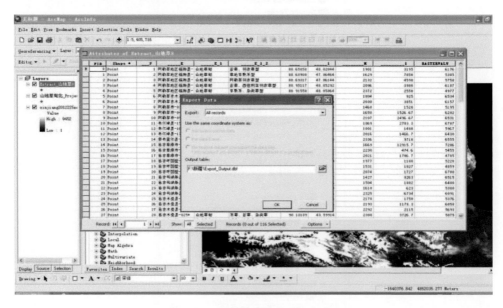

图3-21　点属性表导出为EXCEL

3.4.2.2 建立生物估算模型

①将提取的样本植被指数EXCEL表格打开，按照草原类型分别保存，并保证每个草原类型表中具有NDVI值和生物量（产草量）值（图3-22）。

草地类	ndvi	生物量
暖性灌草丛	3535	2698.3
暖性灌草丛	3758	3656
暖性灌草丛	4012	3037.2
暖性灌草丛	4113	5231.9
暖性灌草丛	4152	3583.9
暖性灌草丛	4182	3510
暖性灌草丛	4439	4251.5
暖性灌草丛	4532	4582.8
暖性灌草丛	4752	3725
暖性灌草丛	4792	4440
暖性灌草丛	4798	4770
暖性灌草丛	4893	3210
暖性灌草丛	4906	3338
暖性灌草丛	4998	4448
暖性灌草丛	5075	5809
暖性灌草丛	5109	5518
暖性灌草丛	5160	5663
暖性灌草丛	5229	4162
暖性灌草丛	5350	4802.6
暖性灌草丛	5401	5227.9
暖性灌草丛	5444	5545.6
暖性灌草丛	5449	4921.7
暖性灌草丛	5571	5220
暖性灌草丛	5595	5050
暖性灌草丛	5630	5620
暖性灌草丛	5686	6520
暖性灌草丛	5737	4012
暖性灌草丛	5867	6191.3

图3-22 整理后生物量和NDVI

②选中"NDVI"与"生物量"两列的数值，点击菜单"插入"→"图表"，弹出图表向导对话框，选择"XY散点图"。X横轴选择NDVI，Y纵轴选择"生物量"，生成散点图（图3-23，图3-24）。

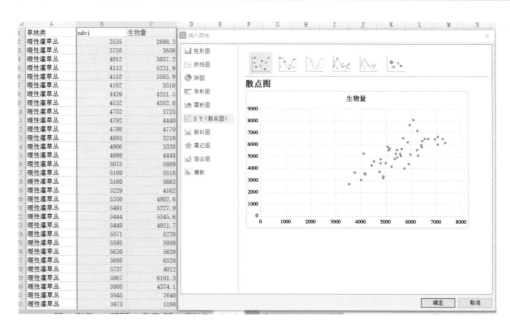

图3-23 图表向导

草地类	ndvi	生物量
暖性灌草丛	3535	2698.3
暖性灌草丛	3758	3656
暖性灌草丛	4012	3037.2
暖性灌草丛	4113	5231.9
暖性灌草丛	4152	3583.9
暖性灌草丛	4182	3510
暖性灌草丛	4439	4251.5
暖性灌草丛	4532	4582.8
暖性灌草丛	4752	3725
暖性灌草丛	4792	4440
暖性灌草丛	4798	4770
暖性灌草丛	4893	3210
暖性灌草丛	4906	3338
暖性灌草丛	4998	4448
暖性灌草丛	5075	5809
暖性灌草丛	5109	5518
暖性灌草丛	5160	5663
暖性灌草丛	5229	4162
暖性灌草丛	5350	4802.6
暖性灌草丛	5401	5227.9
暖性灌草丛	5444	5545.6
暖性灌草丛	5449	4921.7
暖性灌草丛	5571	5220
暖性灌草丛	5595	5050
暖性灌草丛	5630	5620
暖性灌草丛	5686	6520
暖性灌草丛	5737	4012
暖性灌草丛	5867	6191.3
暖性灌草丛	5908	4374.1
暖性灌草丛	5945	7640
暖性灌草丛	5973	5160

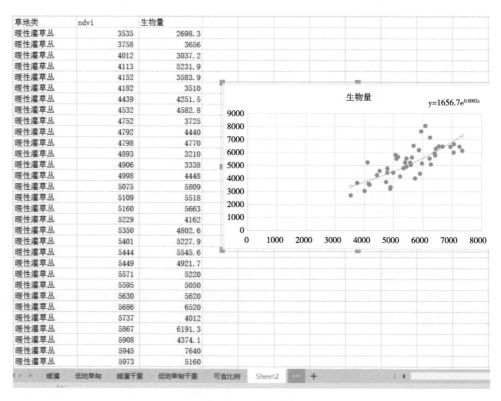

图3-24 生成散点

③在散点图任一点上，鼠标右键，选择"添加趋势线"，选择"趋势预测/回归分析类型"，并在"显示公式"前复选框打"√"（图3-25，图3-26）。

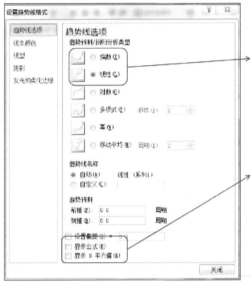

理论上指数函数适合各种草地类型，某些简略处理的情况下也可以选择一次线性函数，如温性荒漠类草地。

R平方值是趋势线拟合程度的指标，它的数值大小可以反映趋势线的估计值与对应的实际数据之间的拟合程度，拟合程度越高，趋势线的可靠性就越高。R平方值是取值范围在0~1的数值，当趋势线的R平方值等于1或接近1时，其可靠性最高，反之则可靠性较低。R平方值也称为拟合系数。

图3-25　生成趋势线

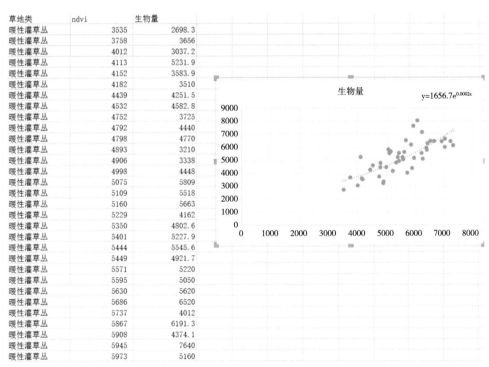

草地类	ndvi	生物量
暖性灌草丛	3535	2698.3
暖性灌草丛	3758	3656
暖性灌草丛	4012	3037.2
暖性灌草丛	4113	5231.9
暖性灌草丛	4152	3583.9
暖性灌草丛	4182	3510
暖性灌草丛	4439	4251.5
暖性灌草丛	4532	4582.8
暖性灌草丛	4752	3725
暖性灌草丛	4792	4440
暖性灌草丛	4798	4770
暖性灌草丛	4893	3210
暖性灌草丛	4906	3338
暖性灌草丛	4998	4448
暖性灌草丛	5075	5809
暖性灌草丛	5109	5518
暖性灌草丛	5160	5663
暖性灌草丛	5229	4162
暖性灌草丛	5350	4802.6
暖性灌草丛	5401	5227.9
暖性灌草丛	5444	5545.6
暖性灌草丛	5449	4921.7
暖性灌草丛	5571	5220
暖性灌草丛	5595	5050
暖性灌草丛	5630	5620
暖性灌草丛	5686	6520
暖性灌草丛	5737	4012
暖性灌草丛	5867	6191.3
暖性灌草丛	5908	4374.1
暖性灌草丛	5945	7640
暖性灌草丛	5973	5160

图3-26　生成估算模型

3.4.2.3 最高地上生物量的估算

利用ERDAS软件Modeler模块，输入各草原类型的估产模型，计算NDVI图像上每个像元最高地上生物量，形成最高地上生物量图像。

①在ERDAS软件中Modeler模块选择modeler maker新建模型文件（图3-27）。

图3-27 建模工具

②利用工具控件输入运算文件和模型参数（图3-28）。

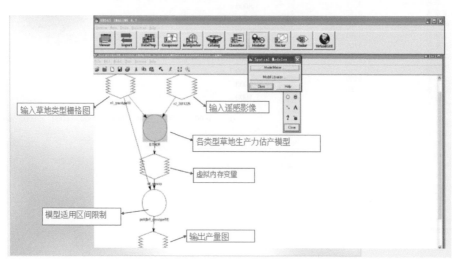

图3-28 建模数据

③在Function Definition中用"EITHER..IF"和"PICK"函数组合编写不同草原类型的估产模型参数和模型适用区间运算语句（图3-29）。

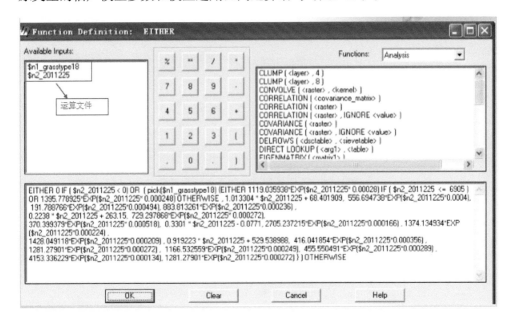

图3-29　估产建模语句

④模型编写完成后，点击 ⚡ 运行，输出最高地上生物量图。

3.4.2.4　计算产草量

年度产草量是草地生产牧草的总量，可用生长高峰期的地上生物量加上之前已利用部分（牲畜已采食量和已打草量）来近似计算（图3-30）。

草地类型	牧草再生率(%)	草地类型	牧草再生率(%)
热带草地	80～180	暖温带次生草地	10～20
南亚热带草地	50～80	温带草甸草地	10～15
中亚热带草地	30～50	温带草原草地	5～10
北亚热带草地	20～30	温带荒漠、寒温带和山地亚寒带草地	0～5

图3-30　不同类型草地的牧草再生率表

3.4.2.5　计算标准干草产量

①标准干草产量=产草量鲜重×干鲜比×标准干草折算系数（图3-31）。

草地类型	标准干草的折算系数	草地类型	标准干草的折算系数
苔藓草地	0.85~0.95	禾草高寒草甸和高寒草原	1.00~1.05
暖性草丛、灌草丛草地	0.85~0.95	莎草高寒草甸和高寒草原	1.00
热性草丛、灌草丛草地	0.85~0.95	杂类草草甸和沼泽	0.85~0.90
禾草低地草甸	0.90~0.95	禾草沼泽	0.85~0.95
杂类草高寒草甸	0.85~0.95	改良草地	1.00~1.10
禾草温性草原和山地草甸	1.00		

图3-31　不同类型草地的干草折算系数

②使用Erdas/modler maker建模工具，输入如下模型（图3-32）。

图3-32　干草产量计算模型

3.4.2.6　可食产草量计算

①年度可食产草量（鲜重）=最高地上生物量×牧草可食比例/100+生长高峰期前已利用部分。

②年度可食产草量（干重）=（最高地上生物量×牧草可食比例/100+生长高峰期前已利用部分）×干鲜比×标准干草折算系数。

3.4.2.7　产草量汇总统计

在产草量图中提取应用ArcToolbox中Spatial Analyst Tools/Zonal/Zonal Statistics as Table命令，可将不同草原类型的产草量统计出来（图3-33）。

图3-33　分类统计工具

3.4.2.8　质量分级

按照《天然草原等级评定技术规范》（NY/T 1579—2007）（图3-34）。

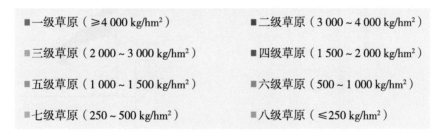

■一级草原（≥4 000 kg/hm²）　　　　■二级草原（3 000～4 000 kg/hm²）

■三级草原（2 000～3 000 kg/hm²）　　■四级草原（1 500～2 000 kg/hm²）

■五级草原（1 000～1 500 kg/hm²）　　■六级草原（500～1 000 kg/hm²）

■七级草原（250～500 kg/hm²）　　　　■八级草原（≤250 kg/hm²）

图3-34　草原质量分级标准

①在ArcGIS中，选中产草量图层，鼠标右击显示下拉菜单，选择properties弹出Layer Properties对话框（图3-35）。

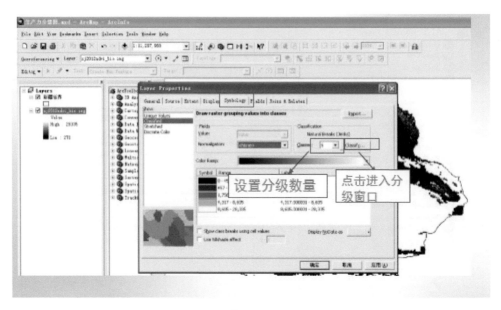

图3-35　草原质量分级显示

②单击classification按钮。在Break values每级输入数值范围，并设置颜色，生成草原产草量分级图（图3-36）。

图3-36　设置分级区间

③为每级赋予颜色（图3-37）。

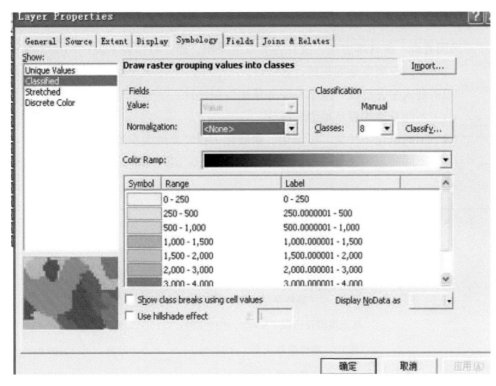

图3-37 设置各分级颜色

3.4.3 导出专题图

把属性信息完整的草地数据和产量栅格图等成果配置成专题图，添加图名、图例、比例尺、指北针等要素，打开ArcMap/File/Export map对话框，选择导出格式和分辨率，一般将格式设为TIFF或JPEG格式，分辨率300 dpi以上。

（1）北京市草地类型分布图。

北京市草地类分布图

北京市草地型分布图

（2）北京市草地退化分布图。

（3）北京市草地等级划分图。

（4）北京市草地产草量分布图。

（5）北京市草地质量分级图。

（6）北京市各区草地分布图。

草地类型分布图

草地质量分级图

3.4.4 权属面积统计

采用查询、统计等方法，统计各类草地面积，建立数据表（表3-7）。

（1）不同权属草地面积统计。

（2）划入生态红线、基本草原等草地面积统计。

（3）不同草地类型草地面积统计。

（4）不同退化（沙化、石漠化、盐渍化）程度草地面积统计。

（5）不同质量等级草地面积统计。

表3-7　北京市草地资源清查数据成果

类型	序号	指标名称	单位	数值
资源状况	1	草原总面积（天然草地）	万亩	130.46
	2	其中：国有草原面积	万亩	130.46
	3	集体草原面积	万亩	0
	4	草原类型及面积（3个类，12个型）	万亩	130.46
		其中：暖性灌草丛类（含8个型）	万亩	109.01
		山地草甸类（含2个型）	万亩	12.35
		低地草甸类（含2个型）	万亩	9.01
		质量分级及面积	万亩	130.46
		其中：一级草地	万亩	58.09
		二级草地	万亩	65.20
	5	三级草地	万亩	6.74
		四级草地	万亩	0.35
		五级草地	万亩	0.01
		六级草地	万亩	0.04
生态状况	6	草原综合植被盖度	%	69.21
	7	草原退化（沙化、石漠化、盐渍化）面积	万亩	7.16
	8	其中：重度草原面积	万亩	0
	9	中度草原面积	万亩	0
	10	轻度草原面积	万亩	7.16

（续表）

类型	序号	指标名称	单位	数值
	11	草原承包面积	万亩	0
	12	落实承包的国有草原面积	万亩	0
	13	落实承包的集体草原面积	万亩	0
	14	已纳入不动产统一确权登记的草原承包面积	万亩	0
	15	已纳入自然资源统一确权登记的草原承包面积	万亩	0
	16	国有农牧场的草原面积	万亩	0
	17	其中：已改制国有农牧场的草原面积	万亩	0
	18	国有草原向集体经济组织外流转的面积	万亩	0
	19	已公告基本草原面积	万亩	0
	20	完成技术划定但未公告的基本草原面积	万亩	—
	21	纳入生态保护红线草原面积	万亩	—
利用状况	22	纳入各类保护地草原面积	万亩	—
	23	禁止开发区内的草原面积	万亩	—
	24	限制开发区内的草原面积	万亩	—
	25	重点开发区内的草原面积	万亩	—
	26	优化开发区内的草原面积	万亩	—
	27	超载率小于10%的区及名称	个	0
	28	超载率小于10%的草原面积	万亩	0
	29	超载率10%～15%的区及名称	个	0
	30	超载率10%～15%的草原面积	万亩	0
	31	超载率大于15%的区及名称	个	0
	32	超载率大于15%的草原面积	万亩	0
	33	年末草食家畜存栏数量	羊单位	1 003 320

3.4.5　数据库

分为空间数据库，样地样方调查数据表，各类草地面积数据表，以及产草量、质量分级专题图。

（1）空间数据库以地块（图斑）为管理单元，存储每个草地地块的界线坐标、面积、草地类型、退化（沙化、石漠化、盐渍化）等级、权属等信息。

（2）样地样方调查数据表存储外业调查信息，包括盖度、地上生物量等，可以通过样地经纬度位置信息与空间数据库建立关联。

（3）各类草地数据表管理各类草地面积统计汇总数据。

（4）草地产草量、质量分级栅格图存储产草量和质量分级图像。

4 北京市草地资源清查指标与成果

经过底图制作、外业调查、内业汇总三个阶段的工作，以清查底图的草地图斑为基础，结合中分辨率遥感影像、地面调查样本、统计调查、气象数据和地面资料，完成了北京市草地资源面积、类型及其空间分布的清查；完成了北京市草地资源退化情况、产草量、草地质量分级、草原等级以及植被覆盖度等相关指标的清查，查清草原类型、分级、草原生态状况、草原利用状况及空间分布，建立了各专题数据库，形成各专题图件。

4.1 北京市草地资源分布区自然条件

4.1.1 北京市气候特点

北京市地形地貌较为复杂，北部、东北部及西部被山地环绕，形成以中山、低山、丘陵和平原台地为主体的地貌类型。山地分属北山和西山两大山系，北山属于燕山山脉军都山的一部分，总面积7 000多km²，约占北京市山地总面积的70%，山体较分散，山间有开阔的盆地，地表组成物以花岗岩、片麻岩为主。西山属于太行山脉，总面积3 000多km²，约占山地面积的30%。西山山高坡陡，谷脊相间分布，地表组成物以石灰岩为主。

4.1.2 北京市地质地貌特点

北京属于典型暖温带大陆性季风气候，四季分明，无霜期为180～200 d，年平均温度8～12℃，平均降水量595 mm。春旱严重是北京气候显著特征之一，夏季雨热同季，降水量约占全年的74%，"北京湾"内的气候条件得天独厚，是植

物繁生的有利条件。然而作为北京弯屏障的西、北部山区，其气候特点与"湾"内却是"两重天"，湾内属暖温带，半湿润地区，而西北延庆山区却有向半干旱地区过渡的趋势。北京山区热量资源较为丰富，但降水资源不充足，平均降水量只有400～500 mm，水分生长期长度仅115 d，而且不连续。

4.1.3　北京市土壤类型

北京地区的土壤属暖温带半湿润地区的褐土地带，但是，由于受海拔、地形差异、成土母质、地下水位高低等因素的影响，山地土壤自低到高，依次为山地褐土、山地棕壤和山地草甸土；由山麓至平原则为淋溶褐土、碳酸盐褐土、浅色草甸土。局部地区还有盐土和沼泽类型的土壤。因此，就形成了多层次生物圈，植物资源种类繁多，生物多样性丰富。

4.1.4　北京市行政区划

全市行政区包括16个区，城区2个（东城区、西城区），近郊区4个（朝阳区、海淀区、丰台区、石景山区），山区7个（包括怀柔、密云、平谷、延庆、昌平、门头沟、房山），平原区3个（大兴、顺义、通州）。全市土地面积16 411 km²。其中平原面积6 339 km²，占38.6%。山区面积10 072 km²，占61.4%。

4.2　北京市草地资源面积

此次清查全市草地资源面积图斑共4 742个，合计130.456 8万亩。各区的草地资源面积大致分为三个梯度，第一梯度为房山区、门头沟区两个区，房山区草地资源面积53.562 6万亩，占总面积的41.06%；门头沟区草地资源面积30.290 6万亩，占总面积的23.22%，第二梯度为昌平区、怀柔区、平谷区、延庆区、密云区草地资源面积都在7万～10万亩，第三梯度为通州区、石景山区、海淀区、大兴区、丰台区、顺义区，草地面积在几千亩，占比很小。表4-1为各区的详细面积及占比统计表。

表4-1　北京市各区县面积统计

区县名	面积/万亩	图斑数/个	比例/%
通州区	0.469 7	32	0.36%
石景山区	0.545 5	29	0.42%
海淀区	0.649 7	50	0.50%

（续表）

区县名	面积/万亩	图斑数/个	比例/%
大兴区	0.661 4	61	0.51%
丰台区	0.746 6	54	0.57%
顺义区	2.254 8	82	1.73%
昌平区	7.143 7	357	5.48%
怀柔区	7.555 2	421	5.79%
平谷区	7.560 6	442	5.80%
延庆区	9.207 0	451	7.06%
密云区	9.809 3	599	7.52%
门头沟区	30.290 6	840	23.22%
房山区	53.562 6	1 324	41.06%
市合计	130.456 8	4 742	100.00%

图4-1为各区草地资源面积的统计柱状图，从左至右按面积大小排列：

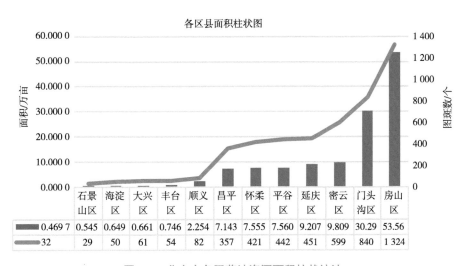

图4-1　北京市各区草地资源面积柱状统计

4.3　北京市草地资源空间分布

4.3.1　垂直分布规律

在海拔1 600 m以上的山顶及缓阳坡，如灵山、百花山、白草畔、海坨山等的高峰主要是以苔草属、禾本科、豆科、蔷薇科植物组成的杂草草甸。海拔800～1 600 m的中山阳坡草本层优势种以苔草属居多，阴坡基本被森林所覆盖。海拔200～800 m的地带，无论阳坡还是阴坡，主要是由荆条、胡枝子等建群的灌草丛，草地优势草主要是白羊草、黄背草、野古草、大油芒和隐子草属等的禾本科和蒿属植物。

4.3.2　地域分布规律

北京市草地资源在地域上有很明显的分布特征，大部分分布在周边的山区地带，其中以房山区、门头沟区分布较多，而且主要分布在两区的中西部区域的山区地带。延庆区、怀柔区、密云区、平谷区和昌平区的山区地带也有部分草地资源分布，但相对房山区、门头沟区较少；平原地区的大兴区、通州区、海淀区、丰台区、石景山区都是零星的草地资源分布。其总体趋势上是从周边植被茂盛山区向城区区域递减。

4.3.3　水平分布规律

从地形上来看，北京市草地植物分布主要受成土母质影响，使少数优势植物水平分布产生变化，草地植物主要分布在山区阳坡、半阳坡、半阴坡，平原地区河漫滩等有零星分布，数量上总体分布趋势是从山地到平原递减，图4-2是北京市草地资源的空间分布图。

4.4　北京市草地资源类型

北京市地域相对狭窄，气候无地带性差异，因而草地类分化简单，但因地势起伏较大，受中地形控制，草地型的分化相对较为复杂，其特点之一是类少型多。

北京市草地资源类型主要有三大草地类，暖性灌草丛类、山地草甸类、低地草甸类，12个草地型，暖性灌草丛类中有8个型，分别是黄背草型、白茅型、具灌木的白莲蒿型、白羊草型、大油芒型、具灌木的黄背草型、荩草型、苔草、暖性禾草型；山地草甸类中有2个型，苔草、嵩草型和苔草、杂类草型；低地草甸类中有芦苇型、碱蓬和杂类草型（图4-3，表4-2）。

图4-2　北京市草地类分布

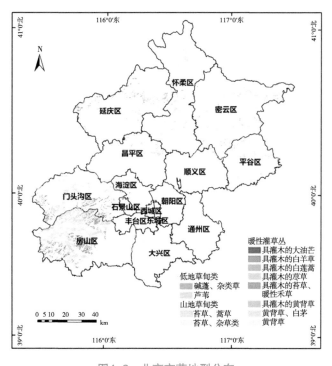

图4-3　北京市草地型分布

表4-2 北京市草地资源类型统计

草地类	草地型	图斑数/个	面积/万亩	占比/%
	黄背草	325	11.415 6	8.75%
	黄背草、白茅	47	1.315 3	1.01%
	具灌木的白莲蒿	428	8.056 6	6.18%
	具灌木的白羊草	860	30.259 6	23.20%
暖性灌草丛	具灌木的大油芒	40	2.331 1	1.79%
	具灌木的黄背草	921	22.858 4	17.52%
	具灌木的荩草	225	8.142 8	6.24%
	具灌木的苔草、暖性禾草	700	24.719 6	18.95%
	合计	3 546	109.099 0	83.63%
	苔草、嵩草	621	10.565 0	8.10%
山地草甸类	苔草、杂类草	70	1.784 8	1.37%
	类合计	691	12.349 8	9.47%
	芦苇	18	0.406 6	0.31%
低地草甸类	碱蓬、杂类草	487	8.601 4	6.59%
	类合计	505	9.008 0	6.90%

　　具有地带性气候特征的草地类型为暖性灌草丛类，是本市天然草地的主体，面积为109.099 0万亩，占总面积的83.63%，主要分布在房山区、门头沟区、延庆区、怀柔区、密云区、平谷区和昌平区的山区，在地形上有明显的分布特征。暖性灌草丛类是在暖温带（或山地暖温带）、湿润、半湿润气候条件下，森林植被长期遭受破坏，原有植被短期内不能自然恢复，而形成以暖性中生或旱中生多年生草本植物为主，其中散生灌木或零星乔木，植被相对稳定的次生草地类型。暖性灌草丛类草地的结构层次分明，分为灌木层和草本层。草群的种类组成比较简单，优势种明显，常由单优势种组成，或1～3种共同占优势。优势草本植物主要有白羊草、黄背草、大油芒、野古草、野青茂、白茅等。草层中常有少量乔木和灌木散生，灌木主要有胡枝子、荆条、酸枣、沙棘、栎等。

　　中山地草甸类面积为12.349 8万亩，占总面积的9.47%；低地草甸面积为

9.008 0万亩，占总面积的6.90%，二类草甸面积合计占总面积的16.37%。山地草甸类草地是在山地温暖气候带，大气温和与降水充沛的环境条件下，在山地垂直带上，有丰富的中生草本植物为主发育形成的一种草地类型，主要分布在低海拔的山地湿润地区，山地草甸类草地的质量，因禾草优势种较多，生产量高；低地草甸类草地是在湿润或地下水丰富的环境条件下，由中生、湿中生多年生草本植物为主形成的一种隐域性草地类型。由于受土壤水分条件的影响，低地草甸的形成和发育一般不呈地带性分布，凡能形成地表径流汇集地低洼地、水泛地、河漫滩、湖泊周围、滨海滩涂等均有低地草甸的分布。所以低地草甸多成斑块状、条带状或环状，零散地分布在不同类型的地类之间。低地草甸类草群生长繁茂，产草量高，草质好，适口性强。北京市草地资源中山地草甸类草地主要分布在中低山湿润地带，介于山区和平原的过渡地带；低地草甸类草地主要分布在平原地区地势低洼的地带，分布受地表地形影响，形状往往呈现不规则形态。

图4-4是北京市草地资源草地类的柱状统计图，可以直观地看到三类草地的对比情况。

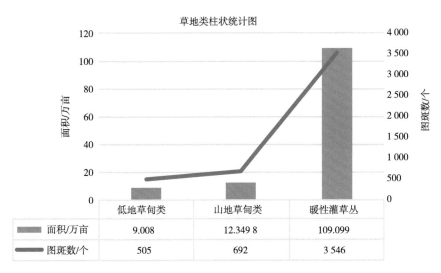

	低地草甸类	山地草甸类	暖性灌草丛
面积/万亩	9.008	12.349 8	109.099
图斑数/个	505	692	3 546

图4-4　草地类柱状

北京市各区草地类柱状图如图4-5所示，在图中可以看到房山区、门头沟区、延庆区、怀柔区、密云区、平谷区这些主要的草地资源分布区中，都是以暖性灌草从类为主；其他剩余区则是以低地草甸类或者山地草甸类为主，甚至个别区没有暖性灌草丛类草地分布。

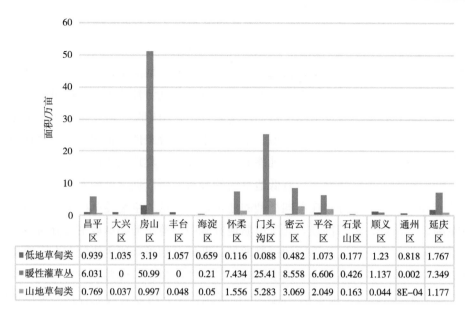

	昌平区	大兴区	房山区	丰台区	海淀区	怀柔区	门头沟区	密云区	平谷区	石景山区	顺义区	通州区	延庆区
■低地草甸类	0.939	1.035	3.19	1.057	0.659	0.116	0.088	0.482	1.073	0.177	1.23	0.818	1.767
■暖性灌草丛	6.031	0	50.99	0	0.21	7.434	25.41	8.558	6.606	0.426	1.137	0.002	7.349
■山地草甸类	0.769	0.037	0.997	0.048	0.05	1.556	5.283	3.069	2.049	0.163	0.044	8E-04	1.177

图4-5　各区草地类分布柱状

　　各区草地型柱状统计图如图4-6所示，北京市草地资源草地型以具灌木的白羊草、具灌木的黄背草和具灌木的苔草、暖性禾草为主，其他型中黄背草、具灌木的白莲蒿、具灌木的苔草、暖性禾草、碱蓬、杂类草型占比较多。

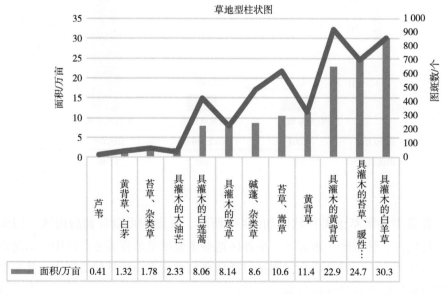

	芦苇	黄背草、白茅	苔草、杂类草	具灌木的大油芒	具灌木的白莲蒿	具灌木的苣草	碱蓬、杂类草	苔草、蒿草	黄背草	具灌木的黄背草	具灌木的苔草、暖性…	具灌木的白羊草
■面积/万亩	0.41	1.32	1.78	2.33	8.06	8.14	8.6	10.6	11.4	22.9	24.7	30.3

图4-6　北京市草地型柱状

各区县草地型面积统计表如表4-3所示。

表4-3　北京市各区县草地型统计

区县名	草地类	面积/亩	图斑数/个
昌平区	黄背草	26 351.625 9	112
	碱蓬、杂类草	7 731.097 6	31
	具灌木的白莲蒿	10 277.682 4	54
	具灌木的白羊草	378.813 1	4
	具灌木的黄背草	19 799.600 0	106
	苔草、嵩草	6 897.859 1	50
大兴区	碱蓬、杂类草	6 432.675 4	59
	苔草、嵩草	181.682 1	2
房山区	碱蓬、杂类草	24 763.231 9	116
	具灌木的白莲蒿	14 556.929 0	47
	具灌木的白羊草	164 202.447 2	350
	具灌木的大油芒	19 978.335 8	36
	具灌木的黄背草	92 568.543 4	209
	具灌木的荩草	62 677.814 5	158
	具灌木的苔草、暖性禾草	149 189.978 4	365
	苔草、嵩草	7 334.697 2	41
	苔草、杂类草	354.290 7	2
丰台区	碱蓬、杂类草	7 342.955 6	52
	苔草、嵩草	122.844 3	2
海淀区	黄背草	793.181 5	5
	碱蓬、杂类草	4 354.799 0	35
	具灌木的白羊草	1 129.188 7	7
	苔草、嵩草	220.156 2	3
怀柔区	碱蓬、杂类草	757.464 9	7

（续表）

区县名	草地类	面积/亩	图斑数/个
怀柔区	具灌木的黄背草	18 301.727 7	116
	具灌木的荩草	6 800.106 9	30
	具灌木的苔草、暖性禾草	38 137.944 5	198
	苔草、嵩草	11 554.879 8	70
门头沟区	黄背草	86 188.634 5	205
	碱蓬、杂类草	393.565 1	4
	具灌木的白莲蒿	19 112.434 6	88
	具灌木的白羊草	91 102.294 0	268
	具灌木的黄背草	1 471.781 6	2
	具灌木的荩草	248.257 0	1
	具灌木的苔草、暖性禾草	53 771.145 7	102
	苔草、嵩草	34 770.848 9	111
	苔草、杂类草	15 847.193 2	59
密云区	黄背草、白茅	1 255.237 6	6
	碱蓬、杂类草	1 501.513 8	9
	具灌木的白莲蒿	35 549.946 4	231
	具灌木的黄背草	29 590.067 9	150
	具灌木的荩草	867.930 9	5
	具灌木的苔草、暖性禾草	5 579.161 2	32
	芦苇	2 507.901 4	11
	苔草、嵩草	21 241.545 7	155
平谷区	黄背草、白茅	4 464.778 9	20
	碱蓬、杂类草	3 644.443 3	32
	具灌木的黄背草	52 336.946 3	271
	芦苇	1 558.172 3	7
	苔草、嵩草	13 601.512 7	112

（续表）

区县名	草地类	面积/亩	图斑数/个
石景山区	碱蓬、杂类草	607.779 2	6
	具灌木的白羊草	3 571.961 5	14
	苔草、嵩草	1 274.821 8	9
顺义区	黄背草、白茅	7 433.005 9	21
	碱蓬、杂类草	11 003.911 3	44
	具灌木的黄背草	3 711.987 5	15
	苔草、嵩草	398.981 8	2
通州区	碱蓬、杂类草	4 697.227 3	32
延庆区	黄背草	822.142 2	3
	碱蓬、杂类草	12 783.329 8	60
	具灌木的白莲蒿	1 069.171 1	8
	具灌木的白羊草	42 211.502 5	217
	具灌木的大油芒	3 332.558 5	4
	具灌木的黄背草	10 803.656 8	52
	具灌木的荩草	10 833.838 4	31
	具灌木的苔草、暖性禾草	517.370 3	3
	苔草、嵩草	8 050.617 5	64
	苔草、杂类草	1 646.034 0	9

4.5 北京市草地产草量变化

北京市草地产草量分布在428.58 ~ 12 245 kg/hm^2，主要分布区间为2 500 ~ 4 500 kg/hm^2，即图上所示橙色的分布区域。由于北京市区域相对较小，同时考虑京津冀一体化，在估算产草量时统计汇总了北京、天津以及周边河北区县的外业调查数据，以此为基础进行北京市产草量估算。

根据草原级的分级标准，北京市草地资源可以分为六级，其中以1级草原和2级草原为主，面积分别为58.092 1和65.206 6万亩，占比分别为44.529 8%和49.983 3%，图4-7为草原级的分级标准：

- 一级草原（≥4 000 kg/hm²）
- 二级草原（3 000～4 000 kg/hm²）
- 三级草原（2 000～3 000 kg/hm²）
- 四级草原（1 500～2 000 kg/hm²）
- 五级草原（1 000～1 500 kg/hm²）
- 六级草原（500～1 000 kg/hm²）
- 七级草原（250～500 kg/hm²）
- 八级草原（≤250 kg/hm²）

图4-7　草原级划分标准

北京市草地资源质量分级统计表如表4-4所示。

表4-4　北京市草地资源质量分级

草原级	面积/万亩	占比/%
1级草原	58.092 1	44.529 8%
2级草原	65.206 6	49.983 3%
3级草原	6.748 6	5.173 0%
4级草原	0.352 3	0.270 0%
5级草原	0.015 6	0.011 9%
6级草原	0.041 7	0.032 0%

各区的草地分级柱状图如图4-8所示，各区同样以1级草原和2级草原为主。

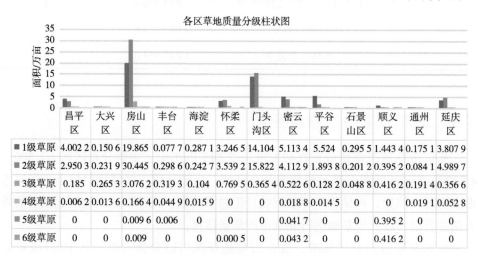

各区草地质量分级柱状图

	昌平区	大兴区	房山区	丰台区	海淀区	怀柔区	门头沟区	密云区	平谷区	石景山区	顺义区	通州区	延庆区
■1级草原	4.002 2	0.150 6	19.865	0.077 7	0.287 1	3.246 5	14.104	5.113 4	5.524	0.295 5	1.443 4	0.175 1	3.807 9
■2级草原	2.950 3	0.231 9	30.445	0.298 6	0.242 7	3.539 2	15.822	4.112 9	1.893 8	0.201 2	0.395 2	0.084 1	4.989 7
■3级草原	0.185	0.265 3	3.076 6	0.319 3	0.104	0.769 5	0.365 4	0.522 6	0.128 2	0.048 8	0.416 2	0.191 6	0.356 6
■4级草原	0.006 2	0.013 6	0.166 4	0.044 9	0.015 9	0	0	0.018 8	0.014 5	0	0	0.019 1	0.052 8
■5级草原	0	0	0.009 6	0.006	0	0	0	0.041 7	0	0	0.395 2	0	0
■6级草原	0	0	0.009	0	0	0.000 5	0	0.043 2	0	0	0.416 2	0	0

图4-8　各区草地资源质量分级柱状

依照《天然草原等级评定技术规范》中的草原等级的综合评定指标，将草原5等归并为优质、中质、劣质，草原8级归并为高产、中产、低产，共计将草地等级划分为优质高产、中质高产、劣质高产、优质中产、中质中产、劣质中产、优质低产、中质低产、劣质低产九个等级，北京市主要包含四种等级的草地，其空间分布如下表所示

北京市草地资源主要有优质高产、中质高产、优质中产、中质中产四种等级，其中以优质高产为主，面积达115.462 0万亩，占总面积的88%（表4-5）。

表4-5 草原等级统计

草原等级	图斑/个	面积/万亩	占比/%
优质高产	406	7.836 6	6.01%
优质中产	41	1.112 2	0.85%
中质高产	3 945	115.462	88.51%
中质中产	350	6.045 8	4.63%

4.6 北京市草地盖度变化

北京市草地资源平均植被盖度为69.21%，全市的植被盖度在52%~74%，其中植被盖度较高，超过70%的区有昌平区、平谷区、密云区，植被盖度相对低一些的区有大兴区、丰台区、通州区，植被盖度在50%~60%，植被盖度最低的是丰台区，其盖度为52.54%，各区的植被盖度统计情况见图4-9。

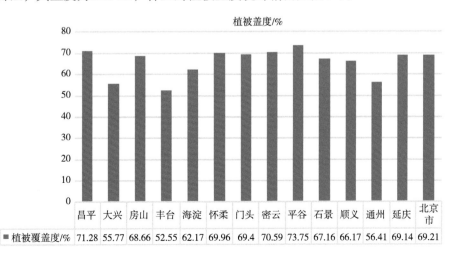

	昌平	大兴	房山	丰台	海淀	怀柔	门头	密云	平谷	石景	顺义	通州	延庆	北京市
■植被覆盖度/%	71.28	55.77	68.66	52.55	62.17	69.96	69.4	70.59	73.75	67.16	66.17	56.41	69.14	69.21

图4-9 北京市草地资源植被盖度统计

4.7　北京市草地退化情况

　　北京市草地退化面积总计为7.160 0万亩，全部为轻度退化，没有更严重等级的草地退化发生，退化草地面积约占北京市草地总面积的5.49%。从北京市草地退化空间分布图可以看出，轻度退化草地零星分布于北京市范围内，没有集中发生退化的区域。北京市草地资源退化分布如表4-6所示。

表4-6　各区县草地资源退化统计

区县	退化等级	面积/万亩	占比/%
昌平区	轻度退化	0.191 2	0.15%
	无退化	6.952 5	5.33%
大兴区	轻度退化	0.278 9	0.21%
	无退化	0.382 6	0.29%
房山区	轻度退化	3.252 1	2.49%
	无退化	50.310 5	38.56%
丰台区	轻度退化	0.370 2	0.28%
	无退化	0.376 4	0.29%
海淀区	轻度退化	0.119 9	0.09%
	无退化	0.529 8	0.41%
怀柔区	轻度退化	0.769 5	0.59%
	无退化	6.785 7	5.20%
门头沟区	轻度退化	0.365 4	0.28%
	无退化	29.925 2	22.94%
密云区	轻度退化	0.583 1	0.45%
	无退化	9.226 3	7.07%
平谷区	轻度退化	0.142 8	0.11%
	无退化	7.417 8	5.69%
石景山区	轻度退化	0.048 8	0.04%
	无退化	0.496 7	0.38%

（续表）

区县	退化等级	面积/万亩	占比/%
顺义区	轻度退化	0.416 2	0.32%
	无退化	1.838 6	1.41%
通州区	轻度退化	0.210 6	0.16%
	无退化	0.259 2	0.20%
延庆区	轻度退化	0.409 5	0.31%
	无退化	8.797 5	6.74%

4.8　北京市草地资源总体变化情况分析

4.8.1　草地面积急剧减少

20世纪80年代草地资源普查结果，北京市天然草地534.37万亩，是农田的73.57%，占本市土地面积的21.7%，其中山地草甸类21.11万亩，暖性灌草丛类513.26万亩。目前经草地资源清查结果为130.46万亩，较20世纪80年代减少了403.91万亩。

4.8.2　草地资源的利用价值发生根本变化

目前草地资源已不再作为本市草食家畜依赖生存和发展的主要物质基础和活动场所，而是在其生态、生活、人文、社会等人类的物质文化生活和生存环境上发挥作用，如草地特种经济植物开发、草地旅游休闲、固碳释氧、净化空气、水土保持、涵养水源、生物多样性保护、景观等。是维护生态环境的绿色生态屏障，为建设首都美丽宜居城市发挥重要作用。

4.8.3　草地向灌丛、森林转化

近些年来，推行和实施的植树造林、荒山荒坡绿化和封山育林等生态环境治理工程，在原为典型天然草地的地方人工种植针叶林、阔叶林或灌木林，使林木、灌木郁闭度增高，草林地发生演替。

实施生态移民异地搬迁，以及禁牧减轻了对天然草地的人为直接干扰作用和强度，灌木迅速旺盛繁衍起来，使原来为灌草丛的天然草地，逐渐形成密灌丛，发生进展演替。

4.8.4　草本植物种类趋于减少

　　20世纪80年代的草地资源普查，北京市天然草地主要植物分属58科，170属，共287种，主要草地植物隶属于禾本科、菊科、豆科和蔷薇科。近年来，在自然和人为因素的影响下，草地面积大幅度减少，林灌木的增加使部分喜光草本植物生长发育受到限制，只有耐阴植物得以保存，种类逐步减少，草群生物量明显下降。

5 草地资源清查技术突破

在北京市草地资源清查具体工作实践中，以《全国草地资源清查总体工作方案》《草地资源清查技术规程》《北京市草地资源清查工作实施方案》和农业部几次培训PPT稿件为基础技术依据，结合具体工作实践，进行了草地资源清查技术创新，并成功应用到实际作业过程中，极大地方便了工作的开展。

5.1　3S技术的应用

北京市首次利用地面定位系统（GPS）和遥感信息系统（RS）、地理信息系统（GIS）、数据库等信息化技术为主，天地结合（遥感与地面调查相结合）的手段进行草地资源清查。

5.2　红外光谱植被盖度测量仪的应用

红外光谱植被覆盖度测量仪可以测量得到高分辨率的红、绿、近红外波段的图像。在获得物体空间特征影像的同时，也获得被测物体的光谱信息，特别是对于近红外波段信息的获取，可以直接用于计算植被覆盖度。

一般情况下，植被与非植被在近红波段的能量反射值具有很明显的区别，通过特殊CCD相机探测近红波段的能量值，加入成熟的模型信息即可很直观获取每一幅影像中植被覆盖度。

5.3 互联网技术的使用

草地资源清查野外数据采集系统主要应用于草地资源清查的外业采集工作，包含外业目标样地的导入，目标样地导航，填写草地资源清查表格，表格导出，汇总表导出等。

其中目标样地导航功能，首先将目标样点导入App软件中，然后依托于百度地图提供的API中路径规划和导航功能进行导航路线规划，解决了百度地图等互联网地图不能导入目标点，也解决了传统GPS设备不能规划路径的问题，极大地方便了野外找点工作。

表格汇总功能也非常实用，野外采集的表格都存入数据库中，软件能一键导出所有样地样方成excel或者word格式，既方便统计，也方便打印存档。

5.4 无人机的应用

无人机主要解决了草地资源清查中遇到的某些复杂地形，调查人员不能有效抵达目的地进行实地勘察，利用无人机空中无视地形障碍和清晰的影像获取能力来帮助调查人员完成实地勘察工作。

无人机搭载SONY QX4 100高清数码相机获取了高清数码影像，使用Agisoft拼接的正射数码影像覆盖的草原面积，获取数据。

北京市草地资源利用的限制因素和发展趋势

6.1 北京市草地资源利用的主要限制因素

6.1.1 自然因素

6.1.1.1 草本多为伴生植物

　　北京的天然草地绝大部分分布在山区，北京山区从西南向东北绵亘约200 km，海拔高差变化大，水、土、光、温、湿各异。北京的降水多集中于夏季，6月、7月、8月三个月的降水量约占全年降水总量的74%，其中以7月降水量最大，而且多为暴雨，春季降水约占全年总量的10%，春旱严重是北京气候的显著特征之一。夏季高温多雨，是植物繁生的季节，植物资源种类繁多，其优势种为落叶阔叶林，并混有温性针叶林，草本多为其伴生植物。

6.1.1.2 草地资源的特定功能性较强

　　北京历届政府对生态建设，特别是植被建设都非常重视，按照科学发展观和"人文北京、科技北京、绿色北京"建设要求，遵循资源保护、再生和永续利用的原则，本着生态安全优先、环境优先，兼顾经济效益，走社会、经济、技术与环境协调的可持续发展之路。北京市"十二五"时期提出农业发展的五大农业圈，其中三大农业圈与草地资源存在密切关系，北京市生态涵养发展圈包括门头沟、平谷、怀柔、密云、延庆五个区，是北京的生态屏障和水源保护地，生态涵养区发展规划加快了产业结构调整优化，统筹兼顾近期和长远发展，全面提升了生态资源质量。

　　特别是近年来，随着北京产业结构调整，严格控制并减少重点生态保护区的经济活动，完善生态建设与保护的长效机制。草地资源已不再作为本市草食家畜依赖生存和发展的主要物质基础和活动场所，而是在其生态、生活、人文、社会等人类的物质文化生活和生存环境上发挥作用。

6.1.2　人为因素

6.1.2.1　缺乏实施"强制性严格保护"措施

缺乏对本市各类主体功能区分别制定相应的环境标准和环境政策，应加快对生态功能重要区域、生态环境敏感区、脆弱区等区域划定生态红线。

6.1.2.2　体系能力建设不足

建立健全草地资源监测工作体系，明确市区两级政府的管理责任，齐抓共管，确保草原工作规范有序开展。

6.1.2.3　草原保护建设滞后

天然草地的保护和建设投入不足，天然草地资源与林业资源、土地资源、农业资源、水资源等同样重要，对北京市的生态、经济、社会发展发挥着重要作用。制定和完善天然草地的培育和改良措施，有计划地加快推进退化草地的生态修复，将草原防火、鼠虫害防治等工作列入政府的工作议程，最大限度地减少草原灾害造成的损失。

6.2　北京市草地资源利用和发展的展望

草地资源具有经济性、生态性双重价值，世界上所有畜牧业发达的国家都高度重视草地和草业的建设和发展。在美国，目前其畜牧业每年消耗的5亿多t饲料所需要的饲料蛋白，50%以上就是通过草地所产生的牧草而获得的。

随着国家生态文明建设宏伟蓝图的实施，国家对草原保护建设力度正在逐步加大，《中国国民经济和社会发展第十三个五年规划纲要》提出：创新、协调、绿色、开放、共享的新发展理念，到2020年，生态环境质量总体改善，其中，草原综合植被盖度达到56%。《农业资源与生态环境保护工程规划（2016—2020）》提出：到2020年，农业生态功能得到恢复和增强。基本控制草原退化沙化趋势，草原综合植被盖度达到56%。《全国草原保护建设利用"十三五"规划》明确战略目标：综合植被盖度达到56%，草原生态功能显著增强。草原生产能力稳步提升，鲜草总产量达到10.5亿t。草原科学利用水平不断强化。草原禁牧面积控制在12亿亩以内，休牧面积达到19.44亿亩，划区轮牧面积达到4.2亿亩，

草原灾害防控能力明显提高，草原基础设施日益完善。

6.2.1　北京市草地资源的利用

目前本市天然草地面积130.456 8万亩，暖性灌草丛类面积为109.099 0万亩，占总面积的83.63%，中山地草甸类面积为12.349 8万亩，占总面积的9.47%；低地草甸面积为9.008 0万亩，占总面积的6.90%。天然草地资源的规模面积和草地类型较30年前发生了巨大变化，草地资源也已不再作为本市草食家畜依赖生存和发展的主要物质基础和活动场所，但是随着社会经济的发展，人们生活水平和质量的改善，对环境质量的需求不断提高，草地在其生态、生活、人文、社会等人类的物质文化生活和生存环境上依然发挥着其独特的作用，如草地特种经济植物开发、草地旅游休闲、固碳释氧、净化空气、水土保持、涵养水源、生物多样性保护、景观等，还肩负着有效保障和维护草原的生态产品供给能力和建设首都宜居城市、新型城镇化、美丽乡村的重任。

近年来，首都经济得到快速发展，但草地资源经济整体水平落后，草业投入不足，支持保障体系不健全，部分地区存在草地资源退化问题。虽然目前本市已初步完成了天然草地的面积、分布、生态系统类型、草地生产力、生物量、载畜状况等综合基本数据的全面统计分析，但依然面临着深入落实国家各项草原保护建设政策项目、严格依法治草和全面深化草原生态文明体制改革的要求的巨大挑战。

6.2.2　北京市草地资源发展的展望

6.2.2.1　草地资源的保护和建设得到保障

（1）政策支撑体系不断得到完善。从政府的层面上给予支持和协调。政府积极引导和扶持，把优质牧草及草种的有序发展放在建设北京生态屏障、食品安全和向资源型城市转型调整的大背景下，在政策、资金和技术等方面创造草业发展的良好环境，建立一个草业可持续发展的平台。

（2）依法平等使用自然资源资产。完善自然资源资产产权体系、落实产权主体、促进自然资源集约开发利用和生态保护修复等作为基本思路。构建归属清晰、权责明确、监管有效的自然资源资产产权制度，着力解决自然资源所有者不到位、所有权边界模糊等问题。

（3）构建国土空间开发保护制度。为全面贯彻落实科学发展观和建设生态文明的重大战略思想，增强首都草业可持续发展后劲，使草原建设走上科学化、规范化管理轨道以及覆盖全面、科学规范、管理严格的资源总量管理和全面节约制度，建立起权责明确、行为规范、监督有效、保障有力的草原管理体系。

（4）创新生态补偿制度。生态补偿制度是指为了维护生态系统稳定性，以防止生态环境破坏为目的，以生态环境产生或可能产生影响的生产、经营、开发活动为对象，以生态环境恢复为主要内容，以经济调节为主要手段，以法律监督为保障条件的环境管理制度。创新生态补偿制度是生态文明制度建设的核心内容。构建资源有偿使用和生态补偿制度,完善测算方法，分别制定生态补偿标准，逐步形成标准体系，着力解决自然资源及其产品价格偏低、保护生态得不到合理回报等问题。

（5）促进先进技术在草业保护、建设中得到持续应用。加强草原退化机理、生态演替规律等基础理论研究，促进生物技术、遥感技术、信息技术等在草原保护、建设中发挥重要作用，创立草原生态系统恢复与重建的宏观调控成熟技术，促进草地资源的植物和动物群落不断得到改善，草地资源生态系统的生态效益不断得到提高。

6.2.2.2 先进技术在草业保护、建设中得到持续应用

生物技术、遥感技术、信息技术等在草原保护、建设中发挥重要作用。草原退化机理、生态演替规律等基础理论研究更加深入，草原生态系统恢复与重建的宏观调控技术更加成熟。

6.2.2.3 草地资源的植物和动物群落不断得到改善

草地是最容易容纳多种植物和野生动物的地方，因为适应了其生长环境，这些天然的草地资源如莎草、荩草、黄背草等，它们组成的群落又是许多小动物如昆虫的栖息地和庇护场所。

6.2.2.4 草地资源生态系统的生态效益不断得到提高

竞争在植物生态学中占有重要作用，彼此之间的竞争将导致其中一个或多个草地种从群落中消失，不同的植物有其自身的生态位，生态位越接近，重叠越多，种间竞争越激烈，从而将导致某一物种的消失，或者通过生态位分化而得以共存。因此虽然天然草地植物种类减少了，但竞争促使其扩展生存的范围。

附录1 草地资源调查技术规程

1 范围

本标准规定了草地资源调查的任务、内容、指标、流程、方法等。

本标准适用于区（县）级以上范围草地资源调查。

2 规范性引用文件

下列文件对于本文件的应用是必不可少的。凡是注日期的引用文件，仅注日期的版本适用于本文件。凡是不注日期的引用文件，其最新版本（包括所有的修改单）适用于本文件。

CH/T 1015.2基础地理信息数字产品1∶10 000、1∶50 000生产技术规程

GB/T 13989国家基本比例尺地形图分幅与编号

GB 15968遥感影像平面图制作规范

GB 19377天然草地退化、沙化、盐渍化的分级指标

GB/T 28419风沙源区草原沙化遥感监测技术导则

GB/T 29391岩溶地区草地石漠化遥感监测技术规程

GB/T 22601全国行政区划编码标准

NY/T 1233草原资源与生态监测技术规程

NY/T 1579天然草原等级评定技术规范

NY/T 2997—2016草地分类

3 术语和定义

下列术语和定义适用于本文件。

3.1 样地sampling site

草地类型、生境、利用方式及利用状况具有代表性的观测地段。

3.2 样方sampling plot

样地内具有一定面积的用于定性和定量描述植物群落特征的取样点。

3.3 数字正射影像Digital orthophoto map，DOM

利用数字高程模型对遥感影像，经正射纠正、接边、色彩调整、镶嵌，按一定范围剪裁生成的数字正射影像数据集。

3.4 像素Pixel

数字影像的基本单元。

3.5 地面分辨率Ground Sample Distance

指航空航天数字影像像素对应地面的几何大小。

4 总则

4.1 调查任务

4.1.1 调查草地的面积、类型、生产力及其分布；

4.1.2 评价草地资源质量和草地退化、沙化、石漠化状况；

4.1.3 建设草地资源空间数据库及管理系统建设。

4.2 地类与草地类型划分

地类分为草地和非草地。草地地类包括天然草地与人工草地，草地类型划分按照NY/T NY/T 2997—2016的规定执行。

4.3 调查尺度及空间坐标系

4.3.1 基本调查单元

牧区、半牧区以区（县）级辖区为基本调查单元，其他地区以地级辖区为基本调查单元。

4.3.2 调查比例尺

以1：50 000比例尺为主，人口稀少区域可采用1：100 000比例尺。

4.3.3 空间数据和制图基本参数

4.3.3.1 采用"1980西安坐标系""1985国家高程基准"高程系统。

4.3.3.2 标准分幅图采用高斯-克吕格投影，按6°分带；拼接图采用Albers等面积割圆锥投影。

4.3.3.3 地面定位的误差≤10 m，经纬度以"°"为单位，保留5个小数位。

5 准备工作

5.1 制定调查方案

确定调查的技术方法与工作流程、时间与经费安排、组织实施与质量控制措

施、预期成果等。

5.2 收集资料

5.2.1 收集草地资源及其自然条件资料，重点是草地类型及其分布、植物种类及其鉴识要点等资料。

5.2.2 社会经济概况与畜牧业生产状况。

5.2.3 国界和省、地、区（县）各级陆地分界线，以及县级政府勘定的乡镇界线；草地资源、地形、土壤、水系等图件。纸质图件应进行扫描处理，并建立准确空间坐标系统。

5.2.4 已有遥感影像及相关成果。

5.3 培训调查人员

对参加调查人员进行集中培训，内容包括遥感影像解译判读、草地类型判别、植物鉴定、样地选择与观测、样方测定等。

6 预判图制作

6.1 遥感DOM

6.1.1 遥感DOM要求

6.1.1.1 统一获取或购置用于草地资源调查的遥感DOM，最大程度地保证遥感DOM的技术一致性。

6.1.1.2 影像波段数应≥3个，至少有1个近红外植被反射峰波段和1个可见光波段。

6.1.1.3 人口稀少区域原始影像空间分辨率应≤15 m；其他区域空间分辨率单色波段应≤5 m，多光谱波段应≤10 m。融合影像的空间分辨率不能小于单色波段空间分辨率。

6.1.1.4 原始影像的获取时间应在近5年内，宜选择草地植物生长茂盛期获取的影像。

6.1.1.5 影像相邻景之间应有4%以上的重叠，特殊情况下不少于2%；无明显噪声、斑点和坏线；云、非常年积雪覆盖量应小于10%；侧视角在平原地区不超过25°，山区不超过20°。

6.1.1.6 遥感DOM的几何纠正（配准）和正射纠正后地物平面位置误差、影像拼接误差应满足表1要求。正射纠正中使用的DEM（Digital Elevation Model，数字高程模型）比例尺不能小于调查比例尺的0.5倍，空间分辨率不能大于遥感DOM空间分辨率的5倍。

表1　遥感DOM地物平面位置误差和影像拼接误差

遥感DOM空间分辨率（m）	平地、丘陵地（m）	山地、高山地（m）
≤5	5	10
≤10	10	20
≤15	15	30

6.1.2　遥感DOM彩色合成

　　基于遥感DOM进行目视解译时，宜采用彩红外彩色合成模式，即近红外、红、绿三个波段分别输出到红、绿、蓝三个波段合成彩色；影像有短红外波段时，可采用近红外、短红外、红三个波段的彩色合成方式，与彩红外合成方式共同使用。

6.2　建立地物解译标志

　　对照遥感DOM特征和实地踏勘情况，按照传感器类型、生长季与非生长季，分别建立基本调查单元范围内非草地和各草地类型的遥感DOM解译标志。非草地地类应基于地物在影像上的颜色、亮度、形状、大小、图案、纹理等特征，建立解译标志。草地地类中图斑的解译标志在颜色、亮度、形状、大小、图案、纹理等影像特征外，还应增加由DEM计算的坡度、坡向、平均海拔高度3个要素。如遥感DOM拼接相邻景存在明显色彩、亮度差异，应对不同景的解译标志进行调整。

6.3　图斑勾绘

6.3.1　基本要求

6.3.1.1　在遥感DOM上勾绘全覆盖的地物图斑。

6.3.1.2　地类界线与DOM上同名地物的位置偏差图上≤0.3 mm，草地类型间界线图上≤1 mm。

6.3.1.3　图斑最小上图面积为图上15 mm^2。

6.3.1.4　河流、道路等线状地物图上宽度≥1 mm的，勾绘为图斑；<1 mm的按中心线勾绘单线图形，并测量记录其平均宽度。

6.3.1.5　每个图斑在全国范围内使用唯一的编号，编号12位，格式为"N99999900001"或"G99999900001"；其中第一位"N"或"G"分别表示非草地和草地，

"999999"为图斑所在县级行政编码，"00001"为图斑在该县域的顺序编号，从00001开始。行政编码按照GB/T 22601执行。

6.3.2 图斑勾绘分割

6.3.2.1 所有陆地区（县）级行政界线均应为图斑界线。

6.3.2.2 在遥感DOM上可明显识别的河流、山脊线、山麓、道路、围栏等，均应勾绘图斑界线。

6.3.2.3 相邻地物之间分界明显的，直接采用目视判别的界线勾绘图斑；地物界线不明显的，根据解译标志区分地物，勾绘图斑边界。

6.3.2.4 乡镇及以上所在地的城镇，应参考行政区域图，以目视解译方法逐个勾绘。

6.3.2.5 可统一采用遥感影像自动分割的方法，将遥感DOM初步分割成斑块图像，然后以目视解译方式勾绘道路、水系等线状地物和城镇与居民点等。

6.4 图幅接边

分幅遥感DOM间和相邻行政区域间的图斑应按以下要求进行接边处理：地类界线应连接处偏差图上<0.3 mm、草地类型界线应连接处偏差图上<1.0 mm时，两侧各调整一半相接，否则应实地核实后接边。

6.5 图斑初步归类

综合图斑的影像特征，参考地形图、草地资源历史已有成果图件等，初步划定每个图斑的地类与草地类型，形成初步判读图。连片面积大于最小上图面积的人工草地图斑，应按照草原确权资料逐块校核图斑边界。

6.6 补充

无法获取遥感DOM的区域和遥感DOM云覆盖的区域，可使用与调查比例尺一致的地形图为基础，勾绘地物图斑。

7 地面调查

7.1 调查用具

准备调查所需的手持定位设备、数码相机和计算器等电子设备，样方框、剪刀、枝剪等取样工具，50 m钢卷尺、3~5 m钢卷尺、便携式天平或杆秤等量测工具，样品袋、标本夹等样品包装用品，野外记录本、调查表格、标签以及书写用笔等记录用具，遥感DOM、地形图、调查底图等图件，越野车等交通工具。

7.2 布设样地

7.2.1 天然草地

7.2.1.1 样地布设原则

（1）设置样地的图斑既要覆盖生态与生产上有重要价值、面积较大、分布广泛的区域，反映主要草地类型随水热条件变化的趋势与规律，也要兼顾具有特殊经济价值的草地类型，空间分布上尽可能均匀。

（2）样地应设置在图斑（整片草地）的中心地带，避免杂有其他地物。选定的观测区域应有较好代表性、一致性，面积不应小于图斑面积的20%。

（3）不同程度退化、沙化和石漠化的草地上可分别设置样地。

（4）利用方式及利用强度有明显差异的同类型草地，可分别设置样地。

（5）调查中出现疑难问题的图斑，需要补充布设样地。

7.2.1.2 样地数量

（1）预判的不同草地类型，每个类型至少设置1个样地。

（2）预判相同草地类型图斑的影像特征如有明显差异，应分别布设样地；预判草地类型相同、影像特征相似的图斑，按照这些图斑的平均面积大小布设样地，数量根据表2确定。

表2 预判相同草地类型、影像相似图斑布设样地数量要求

预判草地类型相同、影像特征相似图斑的平均面积（hm²）	布设样地数量要求
>10 000	每10 000 hm²设置1个样地
2 000 ~ 10 000	每2个图斑至少设置1个样地
400 ~ 2 000	每4个图斑至少设置1个样地
100 ~ 400	每8个图斑至少设置1个样地
15 ~ 100	每15个图斑至少设置1个样地
3.75 ~ 15	每20个图斑至少设置1个样地

7.2.2 人工草地

预判人工草地地类图斑应逐个进行样地调查。

7.2.3 非草地地类

预判非草地地类中，易与草地发生类别混淆的耕地与园地、林地、裸地应布

设样地，数量根据表3确定，其他地类不设样地。

表3 非草地地类图斑布设样地数量要求

图斑预判地类		样地布设数量要求
林地	耕地与园地	区域内同地类图斑数量的10%
	灌木林地、疏林地	区域内同地类图斑数量的20%
	有林地	区域内同地类图斑数量的10%
	裸地	区域内同地类图斑数量的20%

7.3 地面调查时间

应选择草地地上生物量最高峰时进行地面调查，多在7—8月。

7.4 样地观测记载

7.4.1 天然草地

7.4.1.1 样地基本特征

观测记载地理位置、调查时间、调查人、地形特征、土壤特征、地表特征、草地类型、植被外貌、利用方式、利用状况等，见表4。

7.4.1.2 样方测定

（1）样方设置。应在样地的中间区域设置样方。按照样方内植物的高度和株丛幅度分为2类：一类是植物以高度<80 cm草本或<50 cm灌木半灌木为主的中小草本及小半灌木样方；另一类是植物以高度≥80 cm草本或≥50 cm灌木为主的灌木及高大草本植物样方。

（2）测定方法。在草地上采用样方框圈定一个方形，测定植物构成、高度、盖度、产量等，采集景观和样方照片；采用成组的圆形频度样方测定植物频度。

（3）样方数量。中小草本及小半灌木为主的样地，每个样地测定样方应不少于3个。灌木及高大草本植物为主的样地，每个样地测定1个灌木及高大草本植物样方和3个中小草本及小半灌木样方。预判相同草地类型的样地，温性荒漠类和高寒荒漠类草地每6个样地至少测定1组频度样方，其他草地地类每3个样地测定1组频度样方；每组频度样方应不少于20个。

表4　天然草地（改良草地）样地调查

样地编号：　　　　调查日期：　　年　　月　　日　　调查人：	
样地所在行政区：　　　省　　　地市　　　县旗　　　乡镇	
经度：　　　　纬度：　　　　　海拔：　　　m　　景观照片编号：	
草地类：　　　　草地型：	
坡向	阳　坡（　）　半阳坡（　）　半阴坡（　）　阴　坡（　）
坡位	坡　顶（　）　坡上部（　）　坡中部（　）　坡下部（　）　坡　脚（　）
土壤质地	砾石质（　）　沙　质（　）　沙壤质（　）　壤　质（　）　黏　质（　）
地表特征	枯落物量____g/m²；砾石覆盖面积比例____%；覆沙厚度____cm； 风蚀：无/少/多；水蚀：无/少/多；盐碱斑面积比例____%；裸地面积比例____%； 鼠害种类：　　　　鼠洞密度：____个/hm²；鼠丘密度：____个/hm²； 虫害种类：　　　　单位：　　　　　　　密度：
水分条件	季节性积水：有/无；地表水种类：河/湖/水库/泉；距水源：（　）km；
利用方式	全年放牧/冷季放牧/暖季放牧/春秋放牧/打草场/禁牧/其他（　　　）
利用强度	未利用/轻度利用/中度利用/强度利用/极度利用
评价	草地资源等（　）级（　）　　退化程度（　） 沙化程度（　）　　石漠化程度（　）
注：样地编号。每个样地采用全国唯一的编号，编号15位，格式为"N99999988880001"；其中第一位"N"天然草地，"999999"为图斑所在县级行政编码，"8888"为调查年度，"0001"为样地在该县域的顺序编号，从0001开始。	

（4）样方面积。中小草本及小半灌木样方用1 m²的样方，如样方植物中含丛幅较大的小半灌木用4 m²的样方。灌木及高大草本植物样方用100 m²的样方，灌木及高大草本分布较为均匀或株丛相对较小的可用50 m²和25 m²的样方。频度样方采用0.1 m²的圆形样方。

（5）样方测定方法。中小草本及小（半）灌木样方具体测定内容见表5。灌木及高大草本植物样方具体测定内容见表6。频度样方测定记录每个样方中出现的植物种。部分指标的测定方法见附录A。

表5　中小草本及小半灌木样方调查

样地编号：		样方号：		样方面积	m²	
样方俯视照片编号：			调查日期：	年　月　日		调查人：
经度：		纬度：	海拔：　m	坡度：　°	总盖度：　%	

种类		平均高度（cm）		盖度（%）	产草量（g/m²）	
		生殖枝	叶层		鲜重	干重
优势植物1						
优势植物2						
优势植物3						
优势植物4（草甸）						
优势植物5（草甸）						
其他						
合计						
类群	优良牧草	/	/			
	可食牧草	/	/			
	毒害草	/	/			
	一年生植物	/	/			

表6　灌木及高大草本样方调查

样地编号：	样方号：		日期：	年　月　日	样方面积：　m²		调查人：	
经　　度：	纬　　度：		海拔：　m	坡度　　°	样方照片编号：			

植物名称	株丛径（cm）		株高（cm）	株丛投影盖度（%）	株丛数	单株重量（g）		总产量	
	长	宽				鲜重	干重	鲜重	干重
合计	/	/		/		/	/	/	/
草本及小半灌木样方平均产量			样地总产量				样地总盖度：　%		
鲜重：（g/m²）； 干重：（g/m²）			鲜重：（g/m²）； 干重：（g/m²）				其中草本样方平均：　%；灌木样方：　%。		

（6）标本采集。样地观测应完成植物标本采集，每个省级辖区内每种植物采集2～5份。植物标本采集鉴定后做好信息记载，包括中文名、学名、采集日期、采集地点、采集人等，详见表7。

表7　植物标本采集记录

样地编号：		
草地类型：		
经度：	纬度：	海拔：
地形：	坡向：	坡度：
植物中名：	学名：	
植物标本编号：		
采集地点：		
照片编号：		
采集人：		
采集日期：		

7.4.1.3　样地状况评价

根据样地基本特征、样方测定数据，综合同类型其他样地情况，进行样地状况评价。

　　a）草地资源等级：按照NY/T 1579规定进行评定

　　b）草地退化等级：按照GB 19377规定进行评定

　　c）草地石漠化等级：按照GB/T 28419规定进行评定

　　d）评定草地沙化等级：按照GB/T 29391规定进行评定。

7.4.2　人工草地

改良草地的调查采用天然草地的调查方法。栽培草地观测记载地理位置、牧草种类等信息，具体内容见表8。

表8 栽培草地样地调查

样地编号					调查日期		年　　月　　日	
	省　　　　地市　　　　县　　　乡镇　　　村							
调查人								
经度					纬度			
海拔					照片编号			
牧草种类								
灌溉条件	喷灌（　　）/滴灌（　　）/漫灌（　　）/无（　　）							
鲜草产量	kg/hm^2							
干草产量	kg/hm^2							
种植年份								

7.4.3　非草地地类

观测记载地理位置、地类等信息，灌木林地应测定灌木覆盖度，疏林地应测定树木郁闭度，具体内容见表9。

表9 非草地地类样地调查

样地编号				调查日期		年　　月　　日	
	省　　　　地市　　　　县　　　乡镇　　　村						
调查人							
经度				纬度			
海拔				照片编号			
地类							
灌木覆盖度				树木郁闭度			
注：灌木覆盖度/树木郁闭度指标在调查灌木林地、疏林地时填写。							

7.5　访问调查

以座谈的方式进行，邀请当地有经验的干部、技术人员和群众参加。访问内容包括草地利用现状，草地畜牧业生产状况、存在的问题和典型经验，草地保护与建设情况，以及社会经济状况等，见表10。

表10 访问调查

访问单位（户）： 调查人： 调查日期： 行政区域：

家畜饲养情况	家畜饲养	上年末存栏	上年死亡	上年出栏	出栏月份	放牧天数	出栏平均体重（公斤）
	牛（头）						
	其中奶牛						
	其中牦牛						
	绵羊（只）						
	山羊（只）						
	马驴骡（匹）						
	骆驼（匹）						
	其他						

	面积	牧草种类	单产（公斤/亩）	成本（元/亩）	干草单价（元/公斤）
天然草地改良情况					
人工草地建设情况					

人口及收入	人口	劳动力	人均牧业收入	人均纯收入	转移就业人数

8 属性上图

8.1 地类

在图斑的预判地类属性基础上，按照样地调查结果，逐个确定图斑的地类属性。

8.2 草地类型

对草地地类图斑，在预判草地类型基础上，按照样地调查结果和影像特征相似性，逐个确定图斑的草地类型属性。

8.3 草地资源等级

对草地地类图斑，以样地调查的资源等级为基础，结合生产力监测数据，利用图斑影像特征相似性，逐个确定图斑的草地资源等级属性。

8.4 草地退化、沙化、石漠化程度

对草地地类图斑，以样地调查的退化、沙化、石漠化程度为基础，按照样地调查结果和影像特征相似性，逐个确定图斑的退化、沙化、石漠化程度属性。

9 数据库与信息系统

9.1 数据入库汇总

9.1.1 样地样方数据

将样地、样方数据输入统一的数据库中，按地类、草地类型分行政区域进行汇总。同时将标本采集与存档信息、地面调查照片统一汇总。

9.1.2 访问调查数据

按照统一格式将入户访问数据录入数据库，分行政区域进行汇总。

9.1.3 计算图斑面积

按照CH/T 1015.2基础地理信息数字产品1：10 000、1：50 000的生产技术规程，统一进行图斑面积的精确计算、平差，将图斑面积、周长等几何属性录入空间数据库。

9.1.4 面积统计汇总

分行政区域统计汇总不同地类、草地类型、草地资源等级，以及草地不同退化、沙化、石漠化程度的面积，形成统计汇总数据库。

9.1.5 解译标志

按照统一格式将不同地类、不同草地类型的遥感DOM解译标志进行汇总，形成图斑更新所需解译标志的基础数据库。

9.2 信息系统

以地理信息系统平台为基础，建设具有数据输入、编辑处理、查询、统计、汇总、制图、输出等功能的草地资源信息管理系统，管理矢量、栅格和关联属性数据等多源信息，实现各级行政区域的数据库互联互通和同步更新。

10 检查验收

10.1 遥感DOM

使用现有基础地理测绘成果,按照6.1.1的要求,以县级行政区域为单位对遥感DOM数量质量全部进行检查验收,不符合要求为不合格。

10.2 预判图

抽查图斑比例应不小于10%。图斑勾绘界线偏差造成面积误差超过1%的,为不合格;漏绘草地地类图斑面积超过区域草地地类面积的0.5%,或漏绘草地地类图斑数量超过区域草地地类图斑数量的0.5%,为不合格;图斑未完全覆盖调查区域的,为不合格。

10.3 地面调查

抽查比例应不小于10%。检查样地在草地类型、生境条件、利用状况等方面的是否具有代表性,样地空间布局是否合理,同一样地各样方数据的差异是否在合理范围,不符合要求的样地或样方数量占比超过5%,为不合格;样地样方数量少于要求数量,为不合格;有漏测漏填指标的样地、样方和访问调查记录数量占比超过2%,为不合格;录入的地面调查数据差错率超过0.5%,为不合格。

10.4 图斑属性

抽查图斑比例应不小于5%。地类属性有错误图斑数量占比超过1%,为不合格;草地类型属性有错误的草地地类图斑占比超过5%,视为不合格;图斑面积偏差超过0.5%,为不合格。

11 编制调查报告

11.1 文字报告

内容包括调查工作情况,任务完成情况,调查成果,本区域草地资源现状分析,草地保护建设和畜牧业发展存在的问题和建议等。

11.2 图件

编制草地类型图,草地资源等级图,草地退化、沙化、石漠化分布图等。

11.3 数据汇总表

对数据库中各项数据进行统计汇总,形成数据汇总表。

部分指标测定方法

A1. 样方号。指样方在样地中的顺序号。

A2. 植物高度。每种植物测量5~10株个体的平均高度。叶层高度指叶片集中分布的最高点距地面高度；生殖枝高度指从地面至生殖枝顶部的高度。

A3. 盖度。指植物垂直投影面积覆盖地表面积的百分数。中小草本及小半灌木植物样方一般用针刺法测定，样方内投针100次，刺中植物次数除以100即为盖度；灌木及高大草本样方采用样线法测定：用30 m或50 m的刻度样线，每隔30 cm或50 cm记录垂直地面方向植物出现的次数，次数除以100即为盖度；应3次重复测定取平均值，每两次样线之间的夹角为120°。

A4. 鲜重与干重。从地面剪割后称量鲜重，干燥至含水量14%时后再称干重。

A5. 频度。指某种植物个体在取样面积中出现的次数百分数。测定方法：随机设置样方10~20个，植物出现的样方数与全部样方数的百分数为频度。

A6. 含有灌木及高大草本的样地植被覆盖度计算方法。

样地植被覆盖度=中小草本及小半灌木样方盖度×（1-各种灌木或高大草本合计盖度）+各种灌木或高大草本合计盖度

其中，各种灌木或高大草本合计盖度=∑（单株株丛长×单株株丛宽×π×单株投影盖度÷4）÷样方面积

A7. 灌木与高大草本为主的草地总鲜重和总干重计算方法。

样地总鲜重=各种灌木或高大草本合计鲜重/灌木及高大草本样方面积+中小草本及小半灌木样方平均鲜重×（1-各种灌木或高大草本合计盖度）

样地总干重=各种灌木或高大草本合计干重/灌木及高大草本样方面积+中小草本及小半灌木样方平均干重×（1-各种灌木或高大草本合计盖度）

附录2 草地分类

1 范围

本标准规定了草地类型的划分。

本标准适用于草地资源与生态状况调查、监测、评价和统计中的草地类别划分。

2 术语和定义

下列术语和定义适用于本文件。

2.1 草地 grassland

地被植物以草本或半灌木为主，或兼有灌木和稀疏乔木，植被覆盖度大于5%、乔木郁闭度小于0.1、灌木覆盖度小于40%的土地，以及其他用于放牧和割草的土地。

2.2 优势种 dominant species

草地群落中作用最大、对其他种的生存有很大影响与控制作用的植物种。

2.3 共优种 co-dominant species

多种植物在群落中的优势地位相近时为共同优势种，简称共优种。

3 草地划分

3.1 天然草地

优势种为自然生长形成，且自然生长植物生物量和覆盖度占比大于等于50%的草地划分为天然草地。天然草地的类型采用类、型二级划分。

3.2 人工草地

优势种由人为栽培形成，且自然生长植物的生物量和覆盖度占比小于50%的草地划分为人工草地。人工草地包括改良草地和栽培草地。

4 天然草地类型划分

4.1 第一级 类

具有相同气候带和植被型组的草地划分为相同的类。全国的草地划分为9个类，见表1。

4.2 第二级 型

在草地类中，优势种、共优种相同，或优势种、共优种为饲用价值相似的植物划分为相同的草地型。全国草地共划分175个草地型，见表2。

5 人工草地类、型划分

5.1 改良草地

通过补播改良形成的草地。改良草地可采用天然草地的类、型二级分类方法进一步划分类别。

5.2 栽培草地

通过退耕还草、人工种草、饲草饲料基地建设等方式形成的草地。

表1 草地类

编号	草地类	范围
A	温性草原类	主要分布在伊万诺夫湿润度（以下简称湿润度）0.13～1.0、年降水量150～500 mm的温带干旱、半干旱和半湿润地区，多年生旱生草本植物为主，有一定数量旱中生或强旱生植物的天然草地。
B	高寒草原类	主要分布在湿润度0.13～1.0、年降水量100～400 mm的高山（或高原）亚寒带与寒带半干旱地区，耐寒的多年生旱生、旱中生或强旱生禾草为优势种，有一定数量旱生半灌木或强旱生小半灌木的草地。
C	温性荒漠类	主要分布在湿润度<0.13、年降水量<150 mm的温带极干旱或强干旱地区，超旱生或强旱生灌木和半灌木为优势种，有一定数量旱生草本或半灌木的草地。
D	高寒荒漠类	主要分布在湿润度<0.13、年降水量<100 mm的高山（或高原）亚寒带与寒带极干旱地区，极稀疏低矮的超旱生垫状半灌木、垫状或莲座状草本植物为主的草地。
E	暖性灌草丛类	主要分布在湿润度>1.0、年降水量>550 mm的暖温带地区，喜暖的多年生中生或旱中生草本植物为优势种，有一定数量灌木、乔木的草地。

（续表）

编号	草地类	范围
F	热性灌草丛类	主要分布在雨季湿润度>1.0、旱季湿润度0.7～1.0，年降水量>700 mm 的亚热带和热带地区，热性多年生中生或旱中生草本植物为主，有一定数量灌木、乔木的草地。
G	低地草甸类	主要分布在河岸、河漫滩、海岸滩涂、湖盆边缘、丘间低地、谷地、冲积扇扇缘等地，受地表径流、地下水或季节性积水影响而形成的，以多年生湿中生、中生或湿生草本为优势种的草地。
H	山地草甸类	主要分布在湿润度>1.0、年降水量>500 mm的温性山地，以多年生中生草本植物为优势种的草地。
I	高寒草甸类	主要分布在湿润度>1.0、年降水量>400 mm的高山（或高原）亚寒带与寒带湿润地区，耐寒多年生中生草本植物为优势种，或有一定数量中生灌丛的草地。

表2　草地型

序号	类编号	草地类	型编号	草地型	优势植物及主要伴生植物
1			A01	芨芨草、旱生禾草	芨芨草（*Achnatherum splendens*）
2			A02	沙鞭	沙鞭（*Psammochloa villosa*）
3			A03	贝加尔针茅	贝加尔针茅（*Stipa baicalensis*）、羊草（*Leymus chinensis*）、线叶菊（*Filifolium sibiricum*）、白莲蒿（*Artemisia sacrorum*）、菊叶委陵菜（*Potentilla tanacetifolia*）
4	A	温性草原类	A04	具灌木的贝加尔针茅	贝加尔针茅、羊草、隐子草（*Cleistogenes* ssp.）、线叶菊、西伯利亚杏（*Armeniaca sibirica*）
5			A05	大针茅	大针茅（*S. grandis*）、糙隐子草（*Cl. squarrosa*）、达乌里胡枝子（*Lespedeza daurica*）
6			A06	羊草	羊草、贝加尔针茅、家榆（*Ulmus pumila*）
7			A07	羊草、旱生杂类草	羊草、针茅（*S.* spp.）、糙隐子草、冷蒿（*A. frigida*）

（续表）

序号	类编号	草地类	型编号	草地型	优势植物及主要伴生植物
8			A08	具灌木的旱生针茅	大针茅、长芒草（*S. bungeana*）、西北针茅（*S. sareptana* var. *krylovii*）、针茅、糙隐子草、锦鸡儿（*Caragana* ssp.）、北沙柳（*Salix psammophila*）、灰枝紫菀（*Aster poliothamnus*）、白刺花（*Sophora davidii*）、砂生槐（*S. moorcroftiana*）、金丝桃叶绣线菊（*Spiraea hypericifolia*）、新疆亚菊（*Ajania fastigiata*）、西伯利亚杏
9			A09	西北针茅	西北针茅、糙隐子草、冷蒿、羊茅（*Festuca ovina*）、早熟禾（*Poa annua*）、青海苔草（*Carex qinghaiensis*）、甘青针茅（*S. przewalskyi*）、大苞鸢尾
10			A10	具小叶锦鸡儿的旱生禾草	羊草、大针茅、冰草、西北针茅、冷蒿、糙隐子草、锦鸡儿、小叶锦鸡儿（*C. microphylla*）
11			A11	长芒草	长芒草、冰草（*Agropyron cristatum*）、糙隐子草、星毛委陵菜（*P. acaulis*）
12	A	温性草原类	A12	白草	白草（*Pennisetum flaccidum*）、中亚白草（*P. centrasiaticum*）、画眉草（*Eragrostis pilosa*）、银蒿（*A. austriaca*）
13			A13	具灌木的白草	白草、中亚白草、砂生槐
14			A14	固沙草	固沙草（*Orinus thoroldii*）、青海固沙草（*O. kokonorica*）、西北针茅、白草、锦鸡儿（*C. sinica*）
15			A15	沙生针茅	沙生针茅（*S. glareosa*）、糙隐子草、高山绢蒿（*Seriphidium rhodanthum*）、短叶假木贼（*Anabasis brevifolia*）、合头藜（*Sympegma regelii*）、蒿叶猪毛菜（*S. abrotanoides*）、灌木短舌菊（*Brachanthemum fruticulosum*）、红砂（*Reaumuria songarica*）
16			A16	短花针茅	短花针茅（*S. breviflora*）、无芒隐子草（*Cl. songorica*）、冷蒿、牛枝子（*L. potaninii*）、蓍状亚菊（*A. achilloides*）、刺叶柄棘豆（*Oxytropis aciphylla*）、刺旋花（*Convolvulus tragacanthoides*）、博洛塔绢蒿（*S. borotalense*）、米蒿（*A. dalai-lamae*）、大苞鸢尾（*Iris bungei*）

（续表）

序号	类编号	草地类	型编号	草地型	优势植物及主要伴生植物
17			A17	石生针茅	石生针茅（*S. tianschanica* var. *klemenzii*）、戈壁针茅（*S. tianschanica* var. *gobica*）、无芒隐子草、冷蒿、松叶猪毛菜（*S. lariciforlia*）、蒙古扁桃（*Amygdalus mongolica*）、灌木亚菊（*A. fruticulosa*）、女蒿（*Hippolytia trifida*）
18			A18	具锦鸡儿的针茅	石生针茅、镰芒针茅（*S. caucasica*）、短花针茅、沙生针茅、无芒隐子草、柠条锦鸡儿（*C. korshinskii*）、锦鸡儿（*C.* ssp.）
19			A19	针茅	针茅（*S. capillata*）、天山针茅（*S. tianschanica*）、新疆亚菊、白羊草（*Bothriochloa ischaemum*）
20			A20	针茅、绢蒿	镰芒针茅、东方针茅（*S. orientalis*）、新疆针茅（*S. sareptana*）、昆仑针茅（*S. robarowskyi*）、草原苔草（*C. liparocarpos*）、高山绢蒿、博洛塔绢蒿、纤细绢蒿（*S. gracilescens*）
21	A	温性草原类	A21	糙隐子草	糙隐子草、冷蒿、达乌里胡枝子、溚草（*Koeleria cristata*）、山竹岩黄芪（*Hedysarum fruticosum*）
22			A22	具灌木的隐子草	隐子草、中华隐子草（*Cl. chinensis*）、多叶隐子草（*Cl. polyphylla*）、百里香（*Thymus mongolicus*）、冷蒿、尖叶胡枝子（*L. juncea*）、西伯利亚杏、荆条（*Vitex negundo* var. *heterophlla*）
23			A23	羊茅	羊茅、沟羊茅（*F. valesiaca*）、阿拉套羊茅（*F. alatavica*）、草原苔草、天山鸢尾（*I. loczyi*）
24			A24	羊茅、绢蒿	羊茅、博洛塔绢蒿
25			A25	冰草	冰草、沙生冰草（*A. desertorum*）、蒙古冰草（*A. mongolicum*）、糙隐子草、冷蒿、疏花针茅（*S. penicillata*）、纤细绢蒿、高山绢蒿
26			A26	具乔灌的冰草、冷蒿	冰草、沙生冰草、冷蒿、糙隐子草、达乌里胡枝子、小叶锦鸡儿、锦鸡儿、柠条锦鸡儿、家榆
27			A27	早熟禾	新疆早熟禾（*P. relaxa*）、细叶早熟禾（*P. angustifolia*）、硬质早熟禾（*P. sphondylodes*）、渐狭早熟禾（*P. sinoglauca*）、草原苔草、针茅、新疆亚菊

（续表）

序号	类编号	草地类	型编号	草地型	优势植物及主要伴生植物
28			A28	藏布三芒草	藏布三芒草（*Aristida tsangpoensis*）
29			A29	甘草	甘草（*Glycyrrhiza uralensis*）
30			A30	草原苔草	草原苔草、冷蒿、天山鸢尾
31			A31	具灌木的苔草、温性禾草	脚苔草（*C. pediformis*）、披针叶苔草（*C. lanceolata*）、苔草（*C.* ssp.）、灌木
32			A32	线叶菊、禾草	线叶菊、羊草、贝加尔针茅、羊茅、脚苔草、尖叶胡枝子
33			A33	碱韭、旱生禾草	碱韭（*Allium polyrhizum*）、针茅（*S.* ssp.）
34			A34	冷蒿、禾草	冷蒿、西北针茅、中亚白草、长芒草、冰草、阿拉善鹅观草（*Roegneria alashanica*）
35	A	温性草原类	A35	蒿、旱生禾草	猪毛蒿（*A. scoparia*）、沙蒿（*A. desertorum*）、华北米蒿（*A. giraldii*）、蒙古蒿（*A. mongolica*）、栉叶蒿（*Neopallasia pectinata*）、冷蒿、毛莲蒿（*A. vestita*）、山蒿（*A. brachyloba*）、藏白蒿（*A. minor*）、长芒草、甘青针茅、白草
36			A36	具锦鸡儿的蒿	冷蒿、黑沙蒿（*A. ordosica*）、锦鸡儿、柠条锦鸡儿
37			A37	褐沙蒿、禾草	褐沙蒿（*A. intramongolica*）、差巴嘎蒿（*A. halodendron*）、锦鸡儿、家榆
38			A38	差巴嘎蒿、禾草	差巴嘎蒿、冷蒿
39			A39	具乔灌的差巴嘎蒿、禾草	差巴嘎蒿、家榆
40			A40	黑沙蒿、禾草	黑沙蒿、沙鞭、甘草、中亚白草、苦豆子（*S. alopecuroides*）
41			A41	细裂叶莲蒿	细裂叶莲蒿（*A. gmelinii*）、桔草（*Cymbopogon goeringii*）、早熟禾
42			A42	白莲蒿、禾草	白莲蒿、异穗苔草（*C. heterostachya*）、紫花鸢尾（*I. ensata*）、牛尾蒿（*A. dubia*）、草地早熟禾（*P. pratensis*）、百里香、冰草、达乌里胡枝子、冷蒿、长芒草

（续表）

序号	类编号	草地类	型编号	草地型	优势植物及主要伴生植物
43			A43	具灌木的白莲蒿	白莲蒿、灌木
44			A44	亚菊、针茅	灌木亚菊、蓍状亚菊、束伞亚菊（*A. parviflora*）、沙生针茅、短花针茅、长芒草、针茅、垫状锦鸡儿（*C. tibetica*）
45	A	温性草原类	A45	草麻黄、禾草	草麻黄（*Ephedra sinica*）、差巴嘎蒿、糙隐子草、小叶锦鸡儿
46			A46	刺叶柄棘豆、旱生禾草	刺叶柄棘豆、老鸹头（*Cynanchum komarovii*）
47			A47	达乌里胡枝子、禾草	达乌里胡枝子、长芒草
48			A48	具锦鸡儿的牛枝子	牛枝子、柠条锦鸡儿、锦鸡儿
49			A49	百里香、禾草	百里香、糙隐子草、达乌里胡枝子、长芒草
50			B01	新疆银穗草、针茅	新疆银穗草（*Leucopoa olgae*）、穗状寒生羊茅（*F. ovina* subsp. *sphagnicola*）、紫花针茅（*S. purpurea*）
51			B02	紫花针茅	紫花针茅、昆仑针茅、黄芪（*Astragalus sp.*）、劲直黄芪（*A. strictus*）
52			B03	紫花针茅、青藏苔草	紫花针茅、青藏苔草（*C. moorcroftii*）
53	B	高寒草原类	B04	具灌木的紫花针茅	紫花针茅、垫状驼绒藜（*Ceratoides compacta*）、变色锦鸡儿（*C. versicolor*）、锦鸡儿
54			B05	针茅、莎草	紫花针茅、丝颖针茅（*S. capillacea*）、三角草（*Trikeraia hookeri*）、嵩草（*Kobresia myosuroides*）、窄果苔草（*C. enervis*）、草沙蚕（*Tripogon bromoides*）、灌木
55			B06	针茅、固沙草	沙生针茅、紫花针茅、固沙草
56			B07	座花针茅	座花针茅（*S. subsessiliflora*）、羽柱针茅（*S. subsessiliflora* var. *basiplumosa*）、高山绢蒿

（续表）

序号	类编号	草地类	型编号	草地型	优势植物及主要伴生植物
57			B08	羊茅、苔草	穗状寒生羊茅、微药羊茅（*F. nitidula*）、寒生羊茅（*F. kryloviana*）、寡穗茅（*Littledalea przevalskyi*）、高原委陵菜（*P. pamiroalaica*）、变色锦鸡儿
58			B09	早熟禾、垫状杂类草	昆仑早熟禾（*P. litwinowiana*）、羊茅状早熟禾（*P. parafestuca*）、粗糙点地梅（*Androsace squarrosula*）、棘豆（*O. sp.*）、四裂红景天（*Rhodiola quadrifida*）
59	B	高寒草原类	B10	青藏苔草、杂类草	青藏苔草、灌木
60			B11	具垫状驼绒藜的青藏苔草	青藏苔草、垫状驼绒藜
61			B12	蒿、针茅	镰芒针茅、藏沙蒿（*A. wellbyi*）、紫花针茅、冻原白蒿（*A. stracheyi*）、川藏蒿（*A. tainingensis*）、藏白蒿（*A. younghusbandii*）、日喀则蒿（*A. xigazensis*）、灰苞蒿（*A. roxburghiana*）、藏龙蒿（*A. waltonii*）、沙生针茅、木根香青（*Anaphalis xylorhiza*）
62			C01	大赖草、沙漠绢蒿	大赖草（*L. racemosus*）、沙漠绢蒿（*Seriphidium santolinum*）
63			C02	猪毛菜、禾草	珍珠猪毛菜（*Salsola passerina*）、蒿叶猪毛菜、天山猪毛菜（*S. junatovii*）、松叶猪毛菜、沙生针茅
64			C03	白茎绢蒿	白茎绢蒿（*S. terrae-albae*）
65	C	温性荒漠类	C04	绢蒿、针茅	白茎绢蒿、博洛塔绢蒿、新疆绢蒿（*S. kaschgaricum*）、纤细绢蒿、伊犁绢蒿（*S. transiliense*）、沙生针茅、针茅
66			C05	沙蒿	沙蒿、白沙蒿（*A. blepharolepis*）、白茎绢蒿、旱蒿（*A. xerophytica*）、驼绒藜、准噶尔沙蒿（*A. songarica*）
67			C06	红砂	五柱红砂（*R. kaschgarica*）、红砂、垫状锦鸡儿、沙冬青（*Ammopiptanthus mongolicus*）、木碱蓬（*Suaeda dendroides*）、囊果碱蓬（*S. physophora*）

（续表）

序号	类编号	草地类	型编号	草地型	优势植物及主要伴生植物
68			C07	红砂、禾草	红砂、四合木（*Tetraena mongolica*）
69			C08	驼绒藜	驼绒藜（*Ceratoides latens*）
70			C09	驼绒藜、禾草	驼绒藜、沙生针茅、女蒿、阿拉善鹅观草
71			C10	猪毛菜	天山猪毛菜、蒿叶猪毛菜、东方猪毛菜（*S. orientalis*）、珍珠猪毛菜（*S. passerina*）、木本猪毛菜（*S. arbuscula*）、松叶猪毛菜、驼绒藜、红砂
72			C11	合头藜	合头藜
73			C12	戈壁藜、膜果麻黄	戈壁藜（*Iljinia regelii*）、膜果麻黄（*E. przewalskii*）
74			C13	木地肤、一年生藜	木地肤（*Kochia prostrata*）、叉毛蓬（*Petrosimonia sibirica*）、角果藜（*Ceratocarpus arenarius*）
75			C14	小蓬	小蓬（*Nanophyton erinaceum*）、沙生针茅
76	C	温性荒漠类	C15	短舌菊	蒙古短舌菊（*B. mongolicum*）、星毛短舌菊（*B. pulvinatum*）、鹰爪柴（*C. gortschakovii*）
77			C16	盐爪爪	圆叶盐爪爪（*Kalidium schrenkianum*）、尖叶盐爪爪（*K. cuspidatum*）、细枝盐爪爪（*K. gracile*）、黄毛头盐爪爪（*K. cuspidatum* var. *sinicum*）、盐爪爪（*K. foliatum*）
78			C17	假木贼	盐生假木贼（*A. salsa*）、短叶假木贼、粗糙假木贼（*A. pelliotii*）、无叶假木贼（*A. aphylla*）、圆叶盐爪爪、裸果木（*Gymnocarpos przewalskii*）
79			C18	盐柴类半灌木、禾草	针茅、中亚细柄茅（*Ptilagrostis pelliotii*）、沙生针茅、合头藜、喀什菊（*Kaschgaria komarovii*）、短叶假木贼、高枝假木贼（*A. elatior*）、盐爪爪、圆叶盐爪爪
80			C19	霸王	霸王（*Sarcozygium xanthoxylon*）
81			C20	白刺	泡泡刺（*Nitraria sphaerocarpa*）、白刺（*N. tangutorum*）、小果白刺（*N. sibirica*）、黑果枸杞（*Lycium ruthenicum*）

（续表）

序号	类编号	草地类	型编号	草地型	优势植物及主要伴生植物
82			C21	柽柳、盐柴类半灌木	多枝柽柳（*Tamarix ramosissima.*）、柽柳（*T. chinensis*）、盐穗木（*Halostachys caspica*）、盐节木（*Halocnemum strobilaceum*）
83			C22	绵刺	绵刺（*Potaninia mongolica*）、刺旋花
84			C23	沙拐枣	沙拐枣（*Calligonum mongolicum*）
85	C	温性荒漠类	C24	强旱生灌木、针茅	灌木紫菀木（*Asterothamnus fruticosus*）、刺旋花、半日花（*Helianthemum songaricum*）、沙冬青、锦鸡儿、沙生针茅、戈壁针茅、短花针茅、石生针茅
86			C25	藏锦鸡儿、禾草	藏锦鸡儿（*C. tibetica*）、针茅、冷蒿
87			C26	梭梭	白梭梭（*Haloxylon persicum*）、梭梭（*H. ammodendron*）、沙拐枣、白刺、沙漠绢蒿
88	D	高寒荒漠类	D01	唐古特红景天	唐古特红景天（*Rh. algida* var. *tangutlca*）
89			D02	垫状驼绒藜、亚菊	垫状驼绒藜、亚菊（*A. pallasiana*）、驼绒藜、高原芥（*Christolea crassifolia*）、高山绢蒿
90			E01	具灌木的大油芒	大油芒（*Spodiopogon sibiricus*）、栎（*Quercus* ssp.）
91			E02	白羊草	白羊草、中亚白草、黄背草（*Themeda japonica*）、荩草（*Arthraxon hispidus*）、隐子草、针茅（*S.* ssp.）、白茅（*Imperata cylindrica*）、白莲蒿
92	E	暖性灌草丛类	E03	具灌木的白羊草	白羊草、胡枝子（*L. bicolor*）、酸枣（*Ziziphus jujuba*）、沙棘（*Hippophae rhamnoides*）、荆条、荻（*Triarrhena sacchariflora*）、百里香
93			E04	黄背草	黄背草、白羊草、野古草（*Arundinella anomala*）、荩草
94			E05	黄背草、白茅	黄背草、白茅
95			E06	具灌木的黄背草	黄背草、酸枣、荆条、柞栎（*Q. mongolica*）、白茅、须芒草（*Andropogon yunnanensis*）、委陵菜
96			E07	具灌木的荩草	荩草、灌木

（续表）

序号	类编号	草地类	型编号	草地型	优势植物及主要伴生植物
97			E08	具灌木的野古草、暖性禾草	野古草、荻、知风草（*E. ferruginea*）、西南委陵菜（*P. fulgens*）、胡枝子、栎
98			E09	具灌木的野青茅	野青茅（*Deyeuxia arundinacea*）、青冈栎（*Cyclobalanopsis glauca*）、西南委陵菜
99	E	暖性灌草丛类	E10	结缕草	结缕草（*Zoysia japonica*）、百里香
100			E11	具灌木的苔草、暖性禾草	苔草、披针叶苔草、羊胡子草（*Eriophorum sp.*）、胡枝子、柞栎
101			E12	具灌木的白莲蒿	白莲蒿、沙棘、委陵菜（*P. chinensis*）、蒿（*A. ssp.*）、酸枣、达乌里胡枝子
102			F01	芒、热性禾草	芒（*Miscanthus sinensis*）、白茅、金茅（*Eulalia speciosa*）、野古草、野青茅
103			F02	具乔灌的芒	芒、芒萁（*Dicranopteris dichotoma*）、金茅、野古草、野青茅、竹类、胡枝子、檵木（*Loropetalum chinense*）、马尾松（*Pinus massoniana*）、青冈栎、栎、芒
104			F03	五节芒	五节芒（*M. floridulus*）、白茅、野古草、细毛鸭嘴草（*Ischaemum indicum*）
105	F	热性灌草丛类	F04	具乔灌的五节芒	五节芒、细毛鸭嘴草、檵木、杜鹃（*Rhododendron simsii*）
106			F05	白茅	白茅、黄背草、金茅、芒、细柄草（*Capillipedium parviflorum*）、细毛鸭嘴草、野古草、光高粱（*Sorghum nitidum*）、类芦（*Neyraudia reynaudiana*）、矛叶荩草（*A. lanceolatus*）、臭根子草（*B. bladhii*）
107			F06	具灌木的白茅	白茅、芒萁、野古草、扭黄茅（*Heteropogon contortus*）、青香茅（*Cymbopogon caesius*）、细柄草、类芦、臭根子草、细毛鸭嘴草、紫茎泽兰（*Eupatorium odoratum*）、胡枝子、火棘（*Pyracantha fortuneana*）、马桑（*Coriaria nepalensis*）、桃金娘（*Rhodomyrtus tomentosa*）、竹类

（续表）

序号	类编号	草地类	型编号	草地型	优势植物及主要伴生植物
108			F07	具乔木的白茅、芒	白茅、芒、黄背草、矛叶荩草、青冈栎、檵木
109			F08	野古草	野古草、芒、紫茎泽兰、刺芒野古草、密序野古草（*A. bengalensis*）
110			F09	具乔灌的野古草、热性禾草	野古草、刺芒野古草（*A. setosa*）、芒萁、大叶胡枝子（*L. davidii*）、马尾松、三叶赤楠（*Syzygium grijsii*）、桃金娘
111			F10	白健秆	白健秆（*Eulalia pallens*）、金茅、云南松（*P. yunnanensis*）
112			F11	具乔灌的金茅	金茅、四脉金茅（*E. quadrinervis*）、棕茅（*E. phaeothrix*）、白茅、矛叶荩草、云南松、火棘、胡枝子
113			F12	刚莠竹	刚莠竹（*Microstegium ciliatum*）
114			F13	旱茅	旱茅（*Eramopogon delavayi*）、栎
115	F	热性灌草丛类	F14	红裂稃草	红裂稃草（*Schizachyrium sanguineum*）
116			F15	金茅	金茅、白茅、野古草、拟金茅（*Eulaliopsis binata*）、四脉金茅
117			F16	橘草	橘草、苞子草（*Th. caudata*）
118			F17	具灌木的青香茅	青香茅、白茅、湖北三毛草（*Trisetum henryi*）、马尾松
119			F18	具乔灌的黄背草、热性禾草	黄背草、芒萁、檵木、马尾松
120			F19	细毛鸭嘴草	细毛鸭嘴草、野古草、画眉草、鹧鸪草（*Eriachne pallescens*）、雀稗（*Paspalum thunbergii*）
121			F20	具乔灌的细毛鸭嘴草	细毛鸭嘴草、鸭嘴草（*I. aristatum*）、芒萁
122			F21	细柄草	细柄草、芒萁、硬杆子草（*C. assimile*）、云南松
123			F22	扭黄茅	黄背草、扭黄茅、白茅、金茅

（续表）

序号	类编号	草地类	型编号	草地型	优势植物及主要伴生植物
124	F	热性灌草丛类	F23	具乔灌的扭黄茅	扭黄茅、水蔗草（*Apluda mutica*）、双花草（*Dichanthium annulatum*）、仙人掌（*Opuntia stricta*）、小鞍叶羊蹄甲（*Bauhinia brachycarpa*）、栎、云南松、木棉（*Bombax malabaricum*）、余甘子（*Phyllanthus emblica*）、坡柳（*S. myrtillacea*）
125			F24	具乔木的华三芒草、扭黄茅	华三芒草（*A. chinensis*）、扭黄茅、厚皮树（*Lannea coromandelica*）、木棉
126			F25	蜈蚣草	蜈蚣草（*Eremochloa vittata*）、马陆草（*E. zeylanica*）
127			F26	地毯草	地毯草（*Axonopus compressus*）
128	G	低地草甸类	G01	芦苇	芦苇、荻、狗牙根、獐毛（*Aeluropus sinensis*）
129			G02	芦苇、蔗草	芦苇、蔗草（*Scirpus triqueter*）、藕草（*Phalaris arundinacea*）、稗（*E. crusgalli*）、灰化苔草（*C. cinerascens*）、菰（*Zizania latifolia*）、香蒲（*Typha orientalis*）
130			G03	具乔灌的芦苇、大叶白麻	芦苇（*Phragmites australis*）、大叶白麻（*Poacynum hendersonii*）、赖草（*L. secalinus*）、多枝柽柳、胡杨、匍匐水柏枝（*Myricaria prostrata*）
131			G04	小叶章/大叶章	小叶章（*D. angustifolia*）、大叶章（*D. langsdorffii*）、芦苇、狭叶甜茅（*Glyceria spiculosa*）、灰脉苔草、苔草、沼柳（*S. rosmarinifolia* var. *brachypoda*）、柴桦
132			G05	芨芨草、盐柴类灌木	芨芨草、短芒大麦草（*Hordeum brevisubulatum*）、白刺、盐豆木（*Halimodendron halodendron*）
133			G06	羊草、芦苇	羊草、芦苇、散穗早熟禾（*P. subfastigiata*）
134			G07	拂子茅	拂子茅（*Calamagrostis epigeios*）
135			G08	赖草	赖草、多枝赖草（*L. multicaulis*）、马蔺（*Iris lactea* var.*chinensis*）、碱茅（*Puccinellia distans*）、金露梅（*P. fruticosa*）
136			G09	碱茅	碱茅、星星草（*P. tenuiflora*）、裸花碱茅（*P. nudiflora*）

（续表）

序号	类编号	草地类	型编号	草地型	优势植物及主要伴生植物
137			G10	巨序剪股颖、拂子茅	巨序剪股颖（*Agrostis gigantea*）、布顿大麦（*H. bogdanii*）、拂子茅、假苇拂子茅（*C. pseudophragmites*）、牛鞭草（*Hemarthria altissima*）、垂枝桦（*Betula pendula*）
138			G11	狗牙根、假俭草	狗牙根（*Cynodon dactylon*）、假俭草（*Eremochloa ophiuroides*）、白茅、牛鞭草、扁穗牛鞭草（*H. compressa*）、铺地黍（*Panicum repens*）、盐地鼠尾粟（*Sporobolus virginicus*）、结缕草、竹节草（*Chrysopogon aciculatus*）
139			G12	具乔灌的甘草、苦豆子	胀果甘草（*Gl. Inflata*）、苦豆子、多枝柽柳（*T. ramosissima*）、胡杨（*Populus euphratica*）
140			G13	乌拉苔草	乌拉苔草（*C. meyeriana*）、木里苔草（*C. muliensis*）、瘤囊苔草（*C. schmidtii*）、笃斯越桔（*Vaccinium uliginosum*）、柴桦（*B. fruticosa*）、柳灌丛
141	G	低地草甸类	G14	莎草、杂类草	苔草、薹草、木里苔草、毛果苔草（*C. lasiocarpa*）、漂筏苔草（*C. pseudo-curaica*）、灰脉苔草（*C. appendiculata*）、柄囊苔草（*C. stipitiutriculata*）、芒尖苔草（*C. doniana*）、荆三棱（*Scirpus fluviatilis*）、阿穆尔莎草（*Cyperus amuricus*）、水麦冬（*Triglochin palustris*）、发草（*Deschampsia caespitosa*）、薄果草（*Leptocarpus disjunctus*）、田间鸭嘴草（*I. rugosum*）、华扁穗草（*Blysmus sinocompressus*）、短芒大麦草
142			G15	寸草苔、鹅绒委陵菜	寸草苔（*C. duriuscula*）、鹅绒委陵菜（*P. anserina*）
143			G16	碱蓬、杂类草	碱蓬（*S. glauca*）、盐地碱蓬（*S. salsa*）、红砂、结缕草
144			G17	马蔺	马蔺
145			G18	具乔灌的疏叶骆驼刺、花花柴	疏叶骆驼刺（*Alhagi sparsifolia*）、花花柴（*Karelinia caspia*）、多枝柽柳、胡杨、灰杨（*P. pruinosa*）

（续表）

序号	类编号	草地类	型编号	草地型	优势植物及主要伴生植物
146			H01	荻	荻、叉分蓼（*Polygonum divaricatum*）、栎
147			H02	拂子茅、杂类草	拂子茅、大拂子茅（*C. macrolepis*）、虎榛子（*Ostryopsis davidiana*）、秀丽水柏枝（*Myricaria elegans*）
148			H03	糙野青茅	野青茅、异针茅（*S. aliena*）、糙野青茅（*D. scabrescens*）
149			H04	具灌木的糙野青茅	糙野青茅、冷杉（*Abies fabri*）
150			H05	垂穗披碱草、垂穗鹅观草	垂穗披碱草（*Elymus nutans*）、垂穗鹅观草（*R. nutans*）
151			H06	穗序野古草、杂类草	穗序野古草（*A. hookeri*）、西南委陵菜、委陵菜、云南松
152			H07	野古草、大油芒	野古草、大油芒、拂子茅
153			H08	鸭茅、杂类草	鸭茅（*Dactylis glomerata*）
154	H	山地草甸类	H09	短柄草	细株短柄草（*Brachypodium sylvaticum* var. *gracile*）、短柄草（*B. sylvaticum*）
155			H10	无芒雀麦、杂类草	无芒雀麦（*Bromus inermis*）、草原糙苏（*Phlomis pratensis*）、紫花鸢尾
156			H11	羊茅、杂类草	羊茅、三界羊茅（*F. kurtschumica*）、紫羊茅（*F. rubra*）、高山黄花茅（*Anthoxanthum odoratum* var. *alpinum*）、山地糙苏（*Ph. oreophila*）、白克苔草、草血竭（*P. paleaceum*）、紫苞风毛菊（*Saussurea purpurascens*）、藏异燕麦（*Helictotrichon tibeticum*）、丝颖针茅
157			H12	具灌木的羊茅、杂类草	羊茅、杜鹃、蔷薇（*Rosa multiflora*）、箭竹（*Fargesia spathacea*）
158			H13	早熟禾、杂类草	草地早熟禾、细叶早熟禾、疏花早熟禾（*P. chalarantha*）、早熟禾、披碱草（*E. dahuricus*）、大叶橐吾（*Ligularia macrophylla*）、草原老鹳草（*Geranium pratense*）、弯叶鸢尾（*I. curvifolia*）、多穗蓼（*P. polystachyum*）、二裂委陵菜（*P. bifurca* var. *canesces*）、毛秕偃麦草（*Elytrigia alatavica*）、箭竹

（续表）

序号	类编号	草地类	型编号	草地型	优势植物及主要伴生植物
159			H14	三叶草、杂类草	白三叶（*Trifolium repens*）、红三叶（*T. pratense*）、山野豌豆（*Vicia amoena*）
160			H15	苔草、嵩草	红棕苔草（*C. przewalski*）、青藏苔草、黑褐苔草、黑花苔草、细果苔草、毛囊苔草（*C. inanis*）、葱岭苔草、苔草、穗状寒生羊茅、西伯利亚羽衣草（*Alchemilla sibirica*）、高原委陵菜、圆叶桦（*B. rotundifolia*）、阿拉套柳（*S. alatavica*）
161	H	山地草甸类	H16	苔草、杂类草	披针叶苔草、无脉苔草（*C. enervis*）、亚柄苔草（*C. lanceolata var. subpediformis*）、白克苔草（*C. buekii*）、林芝苔草、苔草、脚苔草、野青茅、蓝花棘豆（*O. coerulea*）、西藏早熟禾（*P. tibetica*）、黑穗画眉草（*E. nigra*）、裂叶嵩
162			H17	地榆、杂类草	地榆（*Sanguisorba officinalis*）、高山地榆（*S. alpina*）、白喉乌头（*Aconitum leucostomum*）、蒙古嵩、裂叶嵩（*A. tanacetifolia*）、柳灌丛
163			H18	羽衣草	天山羽衣草（*Al. tianshanica*）、阿尔泰羽衣草（*Al. pinguis*）、西伯利亚羽衣草
164			I01	西藏嵩草、杂类草	粗壮嵩草（*Kobresia robusta*）、藏北嵩草（*K. littledalei*）、西藏嵩草（*K. tibetica*）、甘肃嵩草、糙喙苔草（*C. scabriostris*）
165			I02	矮生嵩草、杂类草	矮生嵩草（*K. humilis*）、圆穗蓼（*P. macrophyllum*）
166	I	高寒草甸类	I03	具金露梅的矮生嵩草	矮生嵩草、金露梅、珠芽蓼（*P. viviparum*）、羊茅
167			I04	高山嵩草、禾草	高山嵩草（*K. pygmaea*）、异针茅
168			I05	高山嵩草、苔草	高山嵩草、矮生嵩草、苔草、青藏苔草、嵩草
169			I06	高山嵩草、杂类草	高山嵩草、圆穗蓼、高山风毛菊（*S. alpina*）、马蹄黄（*Spenceria ramalana*）、嵩草

（续表）

序号	类编号	草地类	型编号	草地型	优势植物及主要伴生植物
170			I07	具灌木的嵩草、苔草	高山嵩草、线叶嵩草（*K. capillifolia*）、北方嵩草（*K. bellardii*）、黑褐穗苔草（*C. atrofusca subsp. minor*）、嵩草、臭蚤草（*Pulicaria insignis*）、长梗蓼（*P. calostachyum*）、尼泊尔蓼（*P. nepalense*）、鬼箭锦鸡儿（*C. jubata*）、高山柳、金露梅、杜鹃、香柏（*Sabina pingii* var. *wilsonii*）
171			I08	线叶嵩草、杂类草	线叶嵩草、珠芽蓼、糙喙苔草
172	I	高寒草甸类	I09	嵩草、杂类草	四川嵩草（*K. setchwanensis*）、大花嵩草（*K. macrantha*）、丝颖针茅、异穗苔草、针蔺（*Heleocharis valleculosa*）、禾叶嵩草（*K. graminifolia*）、川滇剪股颖（*A. limprichtii*）、嵩草、细果苔草（*C. stenocarpa*）、珠芽蓼、窄果嵩草（*K. stenocarpar*）
173			I10	莎草、鹅绒委陵菜	鹅绒委陵菜、芒尖苔草、甘肃嵩草（*K. kansuensis*）、裸果扁穗苔（*Blysmocarex nudicarpa*）、双柱头蔍草（*S. distigmaticus*）、华扁穗草、木里苔草、短柱苔草（*C. turkestanica*）、走茎灯心草（*Juncus amplifolius*）
174			I11	莎草、早熟禾	高山早熟禾（*P. alpina*）、黄花棘豆（*O. ochrocephala*）、线叶嵩草、黑褐苔草、黑花苔草（*C. melanantha*）、嵩草、黑穗苔草（*C. atrata*）、高山嵩草、白尖苔草（*C. atrofusca*）、苔草
175			I12	珠芽蓼、圆穗蓼	珠芽蓼、圆穗蓼、苔草、嵩草、窄果嵩草、猬草（*Hystrix duthiei*）、扁芒草（*Danthonia schneideri*）、旋叶香青（*A. contorta*）、鬼箭锦鸡儿、高山柳